食農コミュニティの新展開
福島で考える農山村振興

荒井 聡 編著

筑波書房

はじめに

　伝統食、郷土食、地域食、ローカルフードの価値があらためて見直されている。それは地域、風土、農業と結びついて、独自のアイデンティティ、文化をも形成し、次世代へと継承されるべきものとして取り扱われている。四季折々の山野の恵みが食卓に並び、地域の人々に栄養と健康をもたらす貴重な資源ともなっている。ここにおいて、自然、農業、食が一体となり、食農コミュニティとでも言うべき、独自のコミュニティを形成してきた。こうしたコミュニティのなかで、地域食は家庭食として受け継がれ、また時代の要請や新たな市場形成が進むなかで、コミュニティビジネスなどとして新たな発展もとげてきた。

　経済発展にともない農村から都市への人口流出が進み、農村の過疎化、高齢化が進むなか、ローカルフードを支えてきた人々が次第に手薄になってきている。伝統食の継承危機が指摘されてから久しい。そのため、そのリスト化や、レシピなどの保存活動も進められ、数々の書物も公刊されてきている。

　家庭食は、主として女性によって継承が担われてきた。母から娘、姑から嫁などの経路で地域食が継承されてきた。その素材の多くが、地域で産出される山野草、農産物であり、自然・農業と密接なかかわりを持って形成されてきた。都市の発展にともない、それらは商品化し、広い範囲で生産・消費の対象ともなってきた。そしてその起業の担い手として女性が中心になっている場合が多い。また農業の機械化の進展とともに、土地利用型作物などは大規模化により生産される素材もあるが、山野草、園芸作物など高齢者でも取り組むことができる

小さな農業による供給も可能である。ローカルフードシステムは、食農資源が地域内で循環するため、内部循環性の高い経済システムを創り上げる。その意味で、それはローカルビジネスとしても有望株である。過疎化、高齢化、核家族化などの進行で、ローカルフードの継承がかたちをかえて行われてきている。郷土食の価値が地域内で再認識され、それを発展、再生する試みである。ローカルフード運動として展開され、それを支える新たな食農コミュニティが形成、編成されてきている。

福島県浜通り地域は、原発事故被害を受けて、地域が大きく疲弊、伝統食の継承も危機に瀕している。そのようななかで地域のアイデンティティを回復すべく、食農コミュニティ再生の試みが少しずつ進められている。原発事故から11年を経過した時点で、5市町村での食のコミュニティと地域食の再生の現状と将来を展望した（第1章）。ついで、発酵醸造を核として、行政、加工業者、農業者、消費者が一体となって発酵ローカルフードシステム作りを進めている秋田県横手市の取り組みの成果と課題を整理した（第2章）。そして、中山間地域において、地域食を食農コミュニティビジネスとして展開・発展させてきている岐阜県加茂郡白川町、郡上市明宝地区の取り組みから、農と結びついた地域食の展開のあり方について考察した（第3章）。

そして3県の事例分析をふまえて「おわりに」で現代における地域食、食農コミュニティの新たな展開方向について総括的な考察を行った。

なお、ここでは「食のコミュニティ」と「食農コミュニティ」を併記して使用している。「食のコミュニティ」は、地域固有の郷土食、伝統食の生産・流通・消費にかかわる地域内の人々により形作られるコミュニティをイメージしている。「食農コミュニティ」は、郷土食、

伝統食を基調としつつ、その素材生産とも関連させた地域農業を包摂したものとしてイメージしている。但し、地域の食と農は密接に関連しており、何に重点をおいているかにより、用語を使い分けるように努めている。両者の境目は必ずしも明瞭ではないが、第1章、第2章では「食のコミュニティ」、第3章では「食農コミュニティ」と表現している。

　また、本書は「おわりに」に収録のある3つの共著論文を基にしている。記載のある個人年齢、時代状況は調査時のものであることを付記する。

目　次

はじめに……………………………………………………………………………………… 3

第1章　原子力被災地域等における食のコミュニティの現状と継承課題

　　　　　―福島県浜通り・中通りを事例に―………………………………… 8

　1．はじめに ……………………………………………………………………… 8

　2．「地域に根ざした食」で地域振興：二本松市・企業組合さくらの郷 … 10

　3．新たに地元食を生み出す試み：田村市都路町・ひと葉の風………… 15

　4．小規模農業の再開と食の継承：南相馬市小高区・小高マルシェ …… 19

　5．村外との連携による食文化の継承と再構築：飯舘村・やまぶきの会 … 25

　6．食のコミュニティ再生への模索：大熊町・企業組合アグリママ …… 29

　7．むすび …………………………………………………………………………… 33

第2章　食のコミュニティを支えるプラットフォーム

　　　　　―秋田県横手市を事例に―……………………………………………… 37

　1．はじめに ………………………………………………………………………… 37

　2．横手市における食と農からのまちづくり…………………………………… 38

　3．よこて発酵文化研究所の組織と事業 ……………………………………… 44

　4．加工業者の協同：発酵のまち横手FT事業協同組合 ………………… 47

　5．郷土食文化の継承と市民活動：横手ごっつぉお膳実行委員会 …… 54

　6．考察とまとめ ………………………………………………………………… 58

第3章　山間地域における食農コミュニティ・ビジネスの新たな展開

　　　　　―岐阜県加茂郡白川町・郡上市明宝地域を事例に― ……………… 62

　1．課題と方法 …………………………………………………………………… 62

　2．地元野菜を使った農家レストランまんま ………………………………… 64

　3．集落営農による大豆生産を起点とした女性による新たな6次産業

　化と雇用の創出―佐見とうふ豆の力― ………………………………… 71

　4．明宝レディース：地域こだわりトマトケチャップの製造・販売 …… 76

　5．まとめ ………………………………………………………………………… 81

おわりに……………………………………………………………………………………… 84

第1章　原子力被災地域等における食のコミュニティの現状と継承課題
―福島県浜通り・中通りを事例に―

1．はじめに

　伝統食・郷土食は地域の農業・加工業と密接に関わり農村の食文化として個性豊かに形成されている。農産加工は農村起業の中心であるともいえる。これら地域の食に関わる組織や取り組みは、原子力災害によって、いまどのような状況におかれ、今後いかに再生を図っていくべきか。この問いに対して、非営利・協同による「食のコミュニティ」再生を図る取り組みが各地で小さな農業の再生と結びついて萌芽している。そこで東日本大震災から11年が経過した福島県の原子力被災地域を主たる対象として、「食のコミュニティ」の再生モデルの構築をめざして実証的な研究を実施することにした。農村女性たちによる企業組合、地域づくりNPOをはじめ多様な動きを体系的に明らかにすることで、従来の大規模営農組織を中心とする産業主軸の復興政策に対して、住民の生活を中心に据えた地域復興の道筋が示せるのではないかとも考えている。

　以上の問題意識をふまえ、本研究では、「食のコミュニティ」を担ってきた農村女性たちの取り組みに特に着目し、移住者（地域おこし協力隊等）や次世代による取り組みとの融合、さらに協同組合（農協、生協等）による「食のコミュニティ」の新たな展開を原子力被災地域の中に数多く見出した。これらの多様な展開の現状と継承課題を明らかにし、小さな農業と結びついた食のコミュニティ形成から地域再生

第1章　原子力被災地域等における食のコミュニティの現状と継承課題　9

モデル構築に必要な条件を考察していく。ここでは概ね旧村を領域とする５地域のなかから、代表的な「食のコミュニティ」の活動事例をヒアリングして現状と継承課題を明らかにした。うち４地域は、東京電力福島第一原子力発電所の事故により避難指示の対象となった。本稿では、原子力被災の程度の順に事例を配置している。

２．の二本松市旧岩代町は、避難指示の対象とはならなかったが、直売所の売り上げは大きく落ち込んだ。大震災後、「地域に根ざした食」を活動理念に企業組合として法人化した「さくらの郷」の事例を中心にまとめる。３．の田村市都路地区は2014年４月までには全域が避難指示解除された。ここにおいて帰還後に組織された任意団体「ひと葉

図1-1　福島県および対象地の地図

の風」による景観づくりと地元食づくりの取り組みの計画についてまとめる。4．の南相馬市小高区は2016年7月にほぼ全域の避難指示が解除された。中心部に近い片草集落の帰還の状況、地域食の継承の状況、直売所「小高マルシェ」の新設による小さな農業の復興状況についてまとめる。5．の飯舘村は、2017年3月に避難指示が解除された。同村前田地区の女性たちを中心とする農産加工グループ「やまぶきの会」の取り組みについてまとめる。6．の大熊町は、福島第一原発が立地しており、比較的線量が低かった大川原地区および中屋敷地区の避難指示が2019年4月に解除された。震災前から農産加工事業を行ってきた企業組合アグリママの取り組みについてまとめる。

　避難指示解除が遅れるほど帰還率、営農再開率は低下し、また帰還住民の高齢化率は高まる。これら事例の比較を通じて、原子力事故被災地等における食のコミュニティの再生の様相と継承課題について総合的に考察していく。

2．「地域に根ざした食」で地域振興：二本松市・企業組合さくらの郷

(1) はじめに

　本節で取り上げる企業組合さくらの郷は、二本松市旧岩代町新殿地区にある「道の駅さくらの郷」を管理運営し、直売や農産加工、食堂経営等を行っている。旧岩代町は、二本松市東部の中山間地域に位置し、2005年に旧安達町、旧東和町とともに旧二本松市と合併した。二本松市は原発事故による避難指示を受けることはなかったが、旧岩代町は避難区域に指定された川俣町山木屋地区・浪江町と近接していたこともあり、地域農業が受けた影響は大きかった。さくらの郷においても、2011年度の道の駅の売り上げは前年度の半分近くに落ち込むなど厳しい局面に立たされたが、「地域に根ざした食」の提供という理

第1章　原子力被災地域等における食のコミュニティの現状と継承課題　11

念に立ち、仲間や支援者を増やしながら経営規模を徐々に拡大させ、今や地域になくてはならない活性化の拠点にまで成長した。

(2)　設立の経緯

①グリーン・ツーリズムへの関心と小さな直売所活動

　さくらの郷の始まりは、2000年に地域の女性グループが立ち上げた直売所活動に遡る。提案したのは、企業組合前組合長の山崎友子氏（65）である。山崎氏は旧岩代町に生まれ、東京の専門学校に進学した後帰郷し、幼稚園教諭を経て米とナメコ・リンゴ農家の後継者であった夫と出会い結婚、就農した。

　転機となったのは、36歳の時に参加した福島県国際農友会主催のドイツ研修であった。山崎氏はそこで初めて「グリーン・ツーリズム」と出会い、強い関心をもつようになった。翌年、農水省が企画した女性向け「グリーン・ツーリズム講座」に参加した際、講師の山崎光博氏（元明治大教授、故人）に「皆さんが今、グリーン・ツーリズムをやりたいといっても、きっと地方に帰ったら浮きますよ。理解者を持つこと、仲間づくりから始めること、それが成功の秘訣です」と言われたことが耳に残り、彼女は近隣の同年代の農家女性たちに声をかけ、6人の女性グループ「ヴェレ新殿」を結成した。「ヴェレ」は、草原を揺らすようなそよそよと吹き続ける爽やかな風という意味のドイツ語で、「自分たちが地域の中でそういう風になろう」という思いを込めたという。

　夫たちにビニールハウスを建ててもらい、土日のみの直売所運営を始めると、直売所のはしりの時代でもあったことから次第に参加農家が増えていった。2001年、男性も加わり20名で新たに「グループ808」を結成し、近くの旧消防屯所跡に場所を移して「808直売所」をオー

プンさせた。直売所が国道349号線と459号線の交わった地点にあった
ことから、2本の国道の数字を足した808が直売所名の由来である。
同グループでは直売活動に加えて、神社の謂われや湧き水を調べるな
ど地域資源の掘り起こし活動なども行った。

②法人化と運営体制

　こうした活動を基礎として、2002年、岩代町を事業主体として岩代
町農産物直売所の建設（中山間地域総合整備事業）が計画されると、
山崎氏らは岩代町全域の農業者に参加を募り、「岩代町農産物直売所
管理組合」を約60名で立ち上げた。2004年4月の施設のオープン時に
は、直売所の名前を公募して「さくらの郷管理組合」と名称変更し、
2005年の旧二本松市との合併の際に、市の指定管理者に指定された。

　2013年の道の駅の指定を契機として、さくらの郷は、企業組合とし
て法人化を行った。法人形態としては株式会社やNPO法人等の選択
肢もあったが、従業員も含めて出荷者全員が組合員となることで、「出
資金を払って利益が出れば配当して返すという、やりがいのある運営
にしたほうがいい」と考えたことと、組合員の議決権・選挙権は、出
資口数にかかわらず平等で、事業運営に皆が参加しやすいという点も、
企業組合を選択した大きな理由であった。2021年現在の組合員は84名
で、うち46名を女性が占め、理事5名のうち女性理事1名、道の駅ス
タッフ22名中20名が女性と、女性の参画による経営がさくらの郷の大
きな特徴となっている。

(3) 原発事故からの復興の取り組み

　福島県内の他の直売所と同様に、3.11はさくらの郷にも大きな打撃
を与え、2011年の売り上げは直売部門・食堂部門とも前年の半分近く
まで落ち込んだ。組合は、近隣の東和地域で道の駅を運営する「NPO

第1章　原子力被災地域等における食のコミュニティの現状と継承課題　13

法人ゆうきの郷東和ふるさとづくり協議会」の放射性物質自主検査の取り組み[1]に学び、測定機器を導入して安全な農産物と食の提供のための体制づくりを行った。また、浪江町と隣接する田沢地区では、原発事故の影響で主要作物であった葉タバコ耕作ができなくなり遊休農地が増大していたため、組合では遊休農地を活用したソバ栽培の振興に取り組んだ。2014年、補助事業で汎用コンバインを導入して収穫・調製作業を行うとともに全量を買いあげる仕組みを構築し、加えて、地域の若者等を対象にそば打ちの研修を行って5名のそば打ち職人を養成した。当初3haの作付けから始まったソバ栽培は今では6haにまで拡大し、食堂が提供する「十割手打ちそば」は人気メニューのトップとなっている。

　食堂部門では、そば以外にも、石窯ピザ、地元産小麦を使った手打ちうどん、おにぎりや味おこわ、餅など食の魅力を磨いた。2016年に建設された加工所では、東京でパティシエとして働いていた移住女性が力を発揮し、じゃがいもとごぼうを使った「ごんぼコロッケ」やナスを用いた「ナップルパイ」、トマトを利用した「トマトサンドクッキー」など、直売所で売れ残った野菜類を活かした総菜・菓子類の加工に積極的に取り組んでいる。開業初年の2004年度には4,000万円程度であったさくらの郷の売り上げは、2016年度以降は1億円を超す規模となっている。

　また、組合では、3.11当日、道の駅の電気がストップして浜通りからの避難者受け入れができなかったことへの反省から、災害用ガスバルブを設置して災害時に発電ができる装置を取り付けるなど、道の駅の防災機能拠点づくりにも力を入れている。

写真1-1　食堂で一番人気の「十割手打ちそば」

(4) むすびにかえて――「地域に根ざした食」とは

　さくらの郷では、発足当初から「地域に根ざした食」を活動理念に経営を継続してきた。その意味について、山崎氏は以下のようにいう。

> 「地産地消と手作りと、そういったことにこだわって私たちは食を提供してきた。さくらの郷だけ売り上げが上がっても、それでは意味がない。割に合わなくても、形の悪い野菜でもしっかりと買って皆に還元できるような姿勢はなくさないようにやっていきたい。」

　農家の自給の延長線上に立つ「地産地消」活動と、家庭食で培われ

第1章　原子力被災地域等における食のコミュニティの現状と継承課題　15

てきた「手作り」の技を活かすことで、「地域に根ざした食」を守ろうとする彼女たちの取り組みは、原発事故に直面し農と食の基盤が大きく揺らぐ中においてその意義が一層高まっている。こうした生活世界との連続性を重視した「地域に根ざした食」による道の駅の魅力発揮は、女性が主体的に組合運営に関わっているからこそ可能になっているといえよう。

　山崎氏は、自身の長年の夢であった農家民宿「清峰園」を2020年に開業し、組合の役員のバトンは地域の男性に譲ったが、「地域に根ざした食」を理念とし、風通しのよいコミュニケーションを基礎とする運営スタイルは継続されている。さくらの郷の施設の一部は、地元自治会の集会所としても利用されており、地域おこし協力隊や大学生等外部人材の交流の場ともなっている。地域の高齢化に対応するため、今後組合では、高齢世帯への食材配送・安否確認活動や移住者の受け入れ活動にも積極的に取り組んでいきたいとしている。多様な人々が集う地域づくりのプラットフォームとして、セカンドステージに立ったさくらの郷の新たな取り組みが始まろうとしている。

３．新たに地元食を生み出す試み：田村市都路町・ひと葉の風

（1）震災前後の都路町の変容

　田村市都路町（田村郡旧都路村）は阿武隈山地の中央に位置する農山村である。面積は125㎢、そのうち森林が８割を占めている。傾斜の多い高冷地で、耕作条件が悪い地域である。農業は水稲を基幹作物としつつも、畜産と野菜作りを組み合わせた複合経営が行われてきた。

　東京電力福島第一原子力発電所事故後は都路町が避難指示区域に指定された。2014年４月までには全域が解除されたものの、放射能汚染

等の影響により人口は事故前に比べて減少した。都路町では、2011年2月時点で2,977人であったが、2019年7月時点では2,281人に減った。今回取り上げる都路町の第10行政区では、2011年2月時点における237人と比べると、2019年7月時点では175人にまで減った。第10行政区は、都路町の南に位置し、大久保、頭ノ巣の2つの集落から成る。2008年に地区の小学校が廃校になったことを契機に、地区を元気づける活動として「都路第10小学校建設計画」が立ち上げられた。地区の住民で、小学校の授業に見立て、オリジナルの授業を企画し実施する活動である。2011年2月には、給食の授業が企画され、地区の住民によって伝統食が再現された。これは食育や地区の食材を使った加工品を考案することを目的としていた。そこでは、おやつとして食されていた「柿のり」、結婚式や祝い事のときに作られていた「キジの吸い物」、秋の行事食とされていた「団子粥」、日常的におかずに用いられていた「大根葉の粕煮」などが振る舞われた。

　しかし、翌月には原発事故が生じ、都路第10小学校建設計画は頓挫した。住民は各地に避難し、分散した。避難指示解除後、徐々に住民は戻りつつあるが、従来のコミュニティ活動は停滞し、放射能汚染により生活や生業に影響が及んでいる。各集落の住民が交流する機会となっていた例大祭や恒例行事は縮小・廃止された。放射能汚染の影響で、地元の山菜や野生キノコも事故前のように自由に採って食べることもできなくなった。放射能汚染に加え、避難に伴う後継者不足の課題が重なり、耕作放棄地が増加した。

(2) 「ひと葉の風」の立ち上げによる地元食の発掘へ

　そうした状況に見舞われながらも、第10行政区のうち頭ノ巣集落では、コミュニティ再生に向けた試みが行われている。筆者（藤原遥）

のゼミナールでは、2020年度から実態調査と土地利用計画づくりの支援を行ってきた。ゼミナールを受け入れるにあたり、頭ノ巣集落では有志を募り、「ひと葉の風」という任意団体が立ち上がった。団体名には、頭ノ巣集落のシンボルとなっている大イチョウの木にちなんで「一枚の葉を起こせる風は小さくとも、みな合わせれば大きくなる」という意味が込められている。ひと葉の風の目標は、「集落を美しく畳む」ことである。その目標には２つの思いが含まれている。先祖が美しい景観を後世に残してくれたように、自分たちも土地を荒らさずに綺麗にして残したいという思いと、たとえ無人の集落になったとしても、集落で暮らすことのできる環境を将来世代に繋ぐという想いである。活動の参加者は、当初は男性が中心であったが、最近は女性も加わっている。

　ひと葉の風における活動の中核をなすのが景観づくりと地元食づくりである。原発事故後は、耕作放棄地が増え、集落全体が暗い状態であった。集落を明るくしようと、景観づくりに取り組み始めた。毎年、紅葉の時期には、集落の中心にある大イチョウのライトアップを行っている。電灯の少ない集落に照らし出される大イチョウは、住民に安心感を与えている。今年からは、荒れ果てた耕作放棄地の草刈りをして、そこに観賞用の作物や花を植えた。女性陣は、集落の入口に花を植え始めた。こうした活動を通じて、自らの庭や集落の環境に対する住民の意識が高くなり、自発的に景観づくりに関わるようになったようだ。今後は、集落の中心に位置する戸草というエリアを対象に、筆者のゼミナールも手伝って、住民主体による土地利用計画をつくる予定をしている。

　これから取り組む予定をしているのが、地元の食材を使った地元食づくりである。伝統食にこだわらず、これまで食べられてきた地元食

のレシピを発掘し、現代的な調理方法を加えながら、新たに地元食を生み出していこうとする試みである。

　頭ノ巣で採ることができる食材は豊富で、上記の伝統食の他にも、日常的に食べられてきた料理はたくさんある。そうした料理は普段の食卓や行事で振る舞われてきたが、原発事故後に、行事は縮小・廃止され、地域住民で会食する機会はほとんどなくなった。筆者のゼミナールでは、原発事故前に地元で食べられてきた食材や、四季の行事食について聞き取り調査をしてきた。毎年4月に行われる馬頭観音の祭りでは、餅まき用にヨモギを使った草もちが作られた。正月にはおふかしを作って神社に供えた。他にも、五穀豊穣を祈願する二柱神社の祭りや、女性だけが集まる観音講、男性だけが集まる山の神などの行事があり、各行事において、参加者が一品を持ち寄って会食をした。定番料理は、地元で採り塩漬けした山菜や野生キノコを調理したもので

写真1-2　ひと葉の風が発掘した地元食

あった。

　ひと葉の風では、ゼミナールと一緒に地元食の発掘を続けることに加えて、一部の行事を新たなかたちで復活させることが検討されている。現時点では、耕作放棄地を活用し、地元食の食材を植えて収穫する際にお祭りを開くことや、地元食の料理教室などを開催する案が出されている。

　ひと葉の風がもたらした小さな風が、頭ノ巣集落の住民がもつ潜在的な意欲や結束力を呼び起こし、少しずつ鮮やかな葉がしげりはじめている。

4．小規模農業の再開と食の継承：南相馬市小高区・小高マルシェ

　福島第一原発の20km圏内にある南相馬市小高区は2016年7月に避難指示が解除され、帰還とともに営農が再開されてきている。しかし、子育て世代の帰還率は低く、中高年層が営農再開の主体となっている。農業の担い手が極端に不足し、一部の経営への農地集積が急速に進んでいる[2]。他方で、地元直売所が新設・再開されてきて、ここへの出荷を契機として小規模ながら営農再開も進んできた。ここでは片草集落を対象とした営農再開、郷土食継承、小高マルシェ開設を契機とした小規模農業の再開の課題について整理する。

(1) 小高区片草集落における営農再開と郷土食の継承

　片草集落は小高区中心部の旧小高町に位置する。2010年の同集落163世帯のうち帰還した世帯は87世帯で、帰還率は53％程度にとどまる。これに移住世帯を加えると2021年には97世帯が居住している。農家世帯は帰還率が74％（40/54）と比較的高い。帰還者は60〜70歳代が中心である。30〜40歳代は、震災当時、小学生・中学生の子がいること

もあり避難先に定着している。そのため季節の行事ごとの伝統料理を若い世代へ継承できるかが課題となっている。

　震災後、圃場再整備が開始され、新しく立ち上がった農業法人「㈱大地のめぐみ」が片草地域の田をほぼ集約している。畑に関しても今後集約を検討している。2021年は主食米1.08ha、飼料米11.47ha、麦2.8ha、大豆6ha、ブロッコリー、小菊を栽培している。片草地域のほとんどの農家は50a〜1.5haほどの農地を所有し、稲作の他、自家用の野菜を畑で耕作していた。震災前は、女性グループ5〜6名で余り野菜を直売所へ出荷していた。またホームセンター、スーパーにも個人出荷していた。震災後は1名のみの出荷に留まる。この地域には伝統行事・食として、餅文化、うどん文化がある。家の建前では、紅白投げ餅（餅まき）、祝い事、節句等ことあるごとに餅作りをしていた。震災前は4戸が餅米を作っていたが今はゼロである。うどんは家によってタレの味が違う。

　お葬式などの行事食では、隣組の女性たちで、豆腐の白和え、煮しめなど料理を作り参列者などに提供していた。

　大根シソ巻きは、練馬大根を1cm角切りし、塩であら締めし、シソの葉を混ぜて作る。いわき市平の漬物店へも出荷してきた。シソは花が終わってから実をとる。凍み大根も作る。小高神社春祭りではヨモギ大福を作る。餅、ヨモギ、小豆全て自家製で、ヨモギは茹でて、ついた餅に適宜いれる。ほとんどの農家が竹林を保有し、収穫稲の乾燥場用稲掛け資材として孟宗竹を利用してきた。現在は利用されることなく竹藪となっている。

　片草集落における食と農の再生は始まったばかりで、法人を核とした営農再開、自家野菜再開を起点として、郷土食文化の継承が模索されようとしている。新たな「食と農のコミュニティ」のかたちにする

ため、郷土食レシピ保存などが求められている。

(2) 小高マルシェによる小規模野菜生産の振興

①マルシェの成り立ちと仕組み

小高区復興拠点施設である小高交流センターが2019年1月に開所した。同センター内施設を活用して農産物の直売、加工品の販売を行う「小高マルシェ」が2020年から営業を開始した。営業時間は、木曜から日曜日の10時から14時までで、通年開設している。

マルシェ開設にあたっては市役所、官民合同チームが生産者を募った。現在の登録生産者数は15名で、うち原町区在住者が3名いる。男女別には女性11名、男性4名で、70歳代が中心である。代表者は安部あきこ氏（75）が務めている。40歳代の2名は工芸品を出品している。若手が加わることで雰囲気がかわる。この他、官民合同チームメンバーの3名が賛助会員となっている。この賛助会員は、生産者と一緒に店番をし、野菜類の地方発送業務も行う。

生産数量の調整はしていない。日々の売れる量がわかっているため、それに合わせて出荷している。開店の10時前に生産者が自ら農産物を搬入する。売れ残りは14時の閉店後、生産者が直接引き取りに来る。月1回、「品質検査会」を実施し、販売品の質向上を図っている。不良品は荷台の下に納め売りに出さない。これにより販売品の品質は良くなっている。

店への手数料はなく、施設の利用料もかかっていない。店番は毎回2名がボランティアで担当する。官民合同チームのメンバーも、毎木曜日手伝いに入る。売り上げは、生産者ごとの集金箱に入金する仕組みとなっている。毎日、それを生産者が回収する。生産への栽培指導は特にないが、自分たちでコミュニケーションをとり教えあいながら、

技術を磨いている。

②マルシェの広がりと今後の課題

マルシェは、口コミで小高区以外にも知られてきており、若い人にも利用されてきている。ここの農産物はスーパーよりも安く、新鮮であり、値段も一定であることが魅力となっている。浮舟祭り開催時には、一日240名の利用があった。売価は基本100円と安価であるが、まれに値切る客もいる。年々売り上げは伸びている。飲食店からも買い入れに来ている。野菜が中心であるが、品揃えのため椎茸を購入して出品している。今年10月から市庁舎などで出前マルシェでも出店し、売り上げを伸ばしている。

野菜類の地方発送は、首都圏（神楽坂・蒲田）・関東の飲食店が中

写真1-3　地場野菜や加工品が並ぶ小高マルシェ

心で、仙台にも発送している。ヤマト運輸の送料無料サービスが利用できる時は注文が多い。

参加を希望する生産者は会員以外にも一定数おり、新たなメンバーを迎え入れるのが課題である。70歳代が中心であり、60歳代以下のメンバーの勧誘が必要となっている。

(3) マルシェ開設と営農再開

①安部あきこ氏　エゴマ、野菜作

安部氏は小高マルシェの代表者を務めている。住居は海側の浦尻集落のため大津波被害を目撃した。現在、月3回伝承館で語り部として被害の模様を語っている。震災前は、主にソラマメ30aを栽培しJAに出荷していた。現在は畑50aを経営し、エゴマ、野菜を栽培している。野菜は小高マルシェに出品している。野馬追に出場する馬の馬糞を活用した完熟堆肥とEM菌を利用して野菜を栽培しており、品質が良く、関東圏への販売も行っている。

小高マルシェには、畑30aで栽培した野菜を出荷する。野菜はホウレンソウ、ニラ、ジャガイモ、タマネギ、ニンジン、ニンニクなど30品目に及ぶ。また採卵鶏を9羽飼養しており、鶏卵も毎日9個販売している。餌として地元で捕れる魚のアラを煮込んだものも利用しているので、卵の品質が良く、すぐに売れ切れる。

②宮川フジコ氏　野菜専作

宮川氏は副会長・会計を務めており、山側の魔辰集落で営農している。震災前は、一人で繁殖牛を飼育し、飼料栽培を行っていた。震災後に、夫が定年退職し就農した。現在は畑170aを経営している。主な作物・栽培面積は、ブロッコリー60a、ネギ50a、タマネギ10aなどである。ほとんどJAに出荷している。10月に息子が脱サラしUターンし

24

た。就農予定である。

　小高マルシェへは50品目を出品している。それは経営全体の生産量の10％程度である。規格外のB級品も出品することもあるが、良いものを出品することにしている。

③吉田邦子氏　野菜専作

　吉田氏は、原町区に2016年に転居した。震災前は、社会福祉協議会でヘルパーとして勤務していた。現在、水田25aは完全委託しており、畑50aを経営している。帰還が済んだのちに除染作業が行われるので、それを待ちきれず自分で畑にゼオライトを撒き営農を開始した。井戸も自分で掘って水を確保した。野菜作りのためにトラクターにも初めて乗った。生産物は、最初は友達に贈答した。

　小高マルシェへは、葉物野菜10品目を出品している。野菜は、EM農法で栽培している。みんなに喜ばれることだけを励みに作っている。シシトウ、ピーマンは売れ残ることが多い。売れ残った物は、日曜日に社会福祉協議会へ無償で届けている。レシピなどを作成し、販路拡大にも努めたい。ケアハウスを作りたかったので土地を買った。草刈り作業も受託し、喜ばれている。田村市都路地区のように移住者の誘致、定着に尽力してほしいと願っている。

④木幡明子氏　米・麦、野菜作

　木幡氏は山側の金房地区で農業を営んでいる。震災前は、社会福祉協議会にヘルパーとして勤務していた。自家ではエゴマ、大根、ブロッコリー、ニラなどを栽培し、主としてJAに出荷していた。震災後、山形県鶴岡市に5年間一時避難した。この間、避難先で野菜を栽培し、キャベツなどを小学校に届けていた。

　現在は、水田18haを経営し、米・大豆を栽培している。畑は60a経営し、40mの畝で野菜を栽培している。小高マルシェへは、ホウレン

ソウ、落花生、ニンニク、ソラマメなど50品目を出品している。EM農法で製造した堆肥を使用して野菜を栽培している。次第に欲が出てきて良いものをたくさん作るようにしている。

５．村外との連携による食文化の継承と再構築：飯舘村・やまぶきの会

飯舘村は、2011年の東日本大震災に伴う原発事故で全村に避難指示が出され、住民は６年の長期にわたって避難を強いられた。20行政区のうち１行政区を除いて避難指示が解除されたのは2017年３月末である。農地は除染され、放射性物質の吸収を抑制する対策を取りながら営農が再開されたが、森林は除染が行われず、野生の山菜やキノコ類の中には未だに出荷の制限・自粛が続いているものがある。震災前は３世代・４世代で暮らす家も多かったが、避難に伴い世帯が分かれ、子育て世帯は避難指示解除後も避難先に定着する傾向が見られる。このような中で、飯舘村の食文化やその継承方法も変化している。

（1）やまぶきの会の概要

やまぶきの会は、飯舘村前田地区の女性たちを中心とする農産加工グループである。会のメンバーは５名で、代表を務める細杉今朝代氏（67）が自宅敷地内に自費で整備した加工施設で味噌作りを行い、白米糀の味噌と玄米糀の味噌の２種類の味噌を販売している。白米糀の味噌は、福島県産の大豆（秘伝）と福島県産の白米から作った糀に甘塩を使用している。玄米糀の味噌は、福島県産の大豆、国産（今年は福島県産）の玄米から作った糀、長崎県対馬産の浜御塩を使用した味噌である。

細杉氏は2017年４月、避難指示が解除されるとすぐに避難先の福島市から自宅に戻った。「避難先のスーパーで買う野菜はおいしくない」

と、村に戻ると野菜作りを始めた。最初は野菜を貯蔵したいと施設を整備したが、旧知の菅野榮子氏に頼まれて味噌を預かった。それがきっかけで、徐々に味噌作りをするようになったという。

細杉氏は、震災前は葉タバコと水稲の農家で、冬は建設業の仕事に行っていて忙しかったため、味噌作りはしていなかったという。教えてもらって仲間と作るようになり、味噌製造業の営業許可を取得し、2021年から販売を始めた。やまぶきの会は、味噌作りをするにあたって立ち上げた。メンバーには、避難先の福島市に住む人や避難先との2拠点生活を送る人もいるという。

(2) 種味噌をつないで

①さすのみそ

細杉氏に味噌を預けた菅野氏は、前田地区の隣の佐須地区で農産加工グループを立ち上げた先駆者である。飯舘村がグループによる農産加工の取り組みを推奨し、菅野氏が近所の女性たちと味噌加工グループを作ったのは1984年だという。転作の大豆と各自の米を使い、試行錯誤して「さすのみそ」のレシピを作り上げてきた。最初は自家用として作ったが、菅野家では冬の仕事として凍み豆腐と豆腐を製造しており、その加工場で味噌製造の許可を取ったという（簔野2018）。

②味噌の里親プロジェクト

原発事故により、味噌作りが続けられなくなった時、震災前に都市農村交流で訪れた人が心配して連絡をくれ、「味噌の里親プロジェクト」が誕生した。蔵にあった味噌の安全性を確認して首都圏に運び、味噌作りを再開できるまで、首都圏の仲間たちが里親となり、「さすのみそ」を種味噌にして味噌を作り続ける活動である。2012年3月から関東各地で手作り味噌のワークショップを開き、そうして作った味噌を種味

噌に避難先で作るなどして「さすのみそ」の酵母菌を引き継いできた。国産有機原料で知られるヤマキ醸造（本社・埼玉県）がワークショップで技術指導をするなど、この取り組みを通じてネットワークが広がった[3]。

　やまぶきの会が作る味噌も、里親たちに守られてきた「さすのみそ」を引き継いだものである。

(3) やまぶきの会のメンバーの活動
①細杉今朝代氏

　代表の細杉氏は、2014年から飯舘村に戻るまでの３年間、避難先で「かーちゃんの力・プロジェクト」に携わった。かーちゃんの力・プロジェクトは、原発事故で避難を余儀なくされた阿武隈地域の女性農業者たちによる農産加工のプロジェクトである[4]。細杉氏は、声を掛けられて「ものを作るのは嫌いではない。少しでも役に立つなら」と参加したという。最初は先輩と一緒に、後半の１年半は１人で弁当作りを担当した。他のメンバーと一緒に料理をする過程で料理について教わったことも多いという。例えば、黄身がとろりと軟らかい煮卵の作り方はこの時に覚え、今もレパートリーの１つになっている。

　飯舘村に戻った現在は、葉タバコなどはやめ、以前は自家用のみだった野菜や凍み餅を作って道の駅の直売所に出荷している。凍み餅に使うごんぼっぱ（オヤマボクチ）は、原発事故以前は山で採っていたが、現在は畑で栽培している。

　また、小学校や中学校に招かれて、凍み餅や味噌じゃがなどの郷土料理について教えることもある。震災から10年以上がたち、当時を知らない子どもたちも多い。避難時に大家族がばらばらになって、昔ながらの食べ物を知らない子どもも増え、細杉氏は子どもたちに郷土料

理を伝えていくことの大切さを感じているという。

このほか、前田地区の仲間と「お茶飲み会」を毎月1回開いている。同世代の女性たちが管理栄養士の指導を受けて健康に良い料理を作り、80歳代ぐらいの地区の男女住民と一緒に食べる。避難先や復興住宅からも集まり、食事をしながらおしゃべりを楽しむ場になっている。

②簑野梨恵子氏

管理栄養士で栄養教諭の簑野梨恵子氏（63）は、飯舘村の住民ではないが、東日本大震災後に飯舘村の人たちと深く関わってきた。飯舘村に原風景を重ねていたことなどから、被災した状況であっても飯舘村の食文化をつなげていきたいと、つてを頼って避難先にいる村の女性に会って聞き書きを行った。飯舘村の食卓に並ぶ家庭料理のレシピと村の3人の女性に聞いた食を通じて見える村でのくらしを1冊にまとめて紹介した。それが『までぇな食づくり』である。話を聞いた女性の1人が、菅野榮子氏である。味噌、凍み餅、キムチ漬け、大福が、どんな時にどのように作られ、食べられてきたのかが、菅野氏の話す言葉を再現して描かれている。雪の多い農村で、「丁寧に、手間ひま惜しまず」という意味の「までぇ」に暮らす様子がうかがえる内容になっている。

簑野氏は2016年度から4年間、伊達市立伊達東小学校で、総合的な学習の時間に飯舘村の女性

写真1-4　イベントで味噌を販売する細杉氏（左）と簑野氏

を講師に呼び、小学6年生にまでぇな食文化を伝える取り組みを実施した。簸野氏が知り合いの校長に持ちかけた企画で、年間を通しておばあちゃんたちに味噌作りなどを教わる中で子どもたちが変わっていき、良い交流ができたという。

(4) 食のコミュニティと食文化の継承と再構築

　飯舘村の食は、村の気候や村で採れた農産物・林産物を活用して、村のくらしに合うように工夫して作られてきた。そして、季節ごとの仕事や料理の工夫は、震災前までは大家族の中で継承されてきた。

　震災後、住民が村を離れ、家族が分かれ、食生活が変わり、その継承のあり方も変わった。集落や家族以外にネットワークが広がり、村外の人がその継承に果たしてきた役割も大きい。避難の長期化などにより農業や暮らしが変わり、村外の農産物を活用しながら郷土食が維持されている面もある。「までぇな食づくり」と食のコミュニティは、新しさを取り入れ変化しながら継承されている。

6．食のコミュニティ再生への模索：大熊町・企業組合アグリママ

(1) 避難指示解除と営農再開

　隣接する双葉町とともに福島第一原発が立地する大熊町は、電力関連産業への就労機会に恵まれ、震災以前の農業は兼業による稲作が中心であった。またナシやキウイフルーツなどの果樹生産も見られ、これらにおいては専業経営も存立していた。しかし、原発事故によって当時1万1,505人（2011年3月11日時点）の全町民が町外での避難生活を余儀なくされた。その後、比較的線量が低かった町南西部の大原地区を復興拠点として重点的に環境整備が進められ、震災から8年が経過した2019年4月、大川原地区および中屋敷地区の避難指示が解除

写真1-5　大川原災害公営住宅にある菜園（2021年6月）

された。さらに帰還困難区域に指定されていた町中心部を特定復興再生拠点として定め、2022年6月、JR大野駅周辺の避難指示が解除された。

　そのあいだ、大熊町は営農再開に向けて、大川原地区での水稲試験栽培、実証栽培を行うとともに、次世代に向けて環境循環型営農スタイルを目指す「大熊町営農再開ビジョン」を策定しながら、2022年からは自己管理による耕作が再開した。いよいよ待ちわびた本格的な営農再開である。大川原地区の100haほどが営農再開の対象となり、うち約20haの農地で水稲、ショウガ、大豆、エゴマなどが作付けされた。そこでは町内の既存の農業者が複数名、また新規就農者も小規模ではあるが営農を開始したが、作付け面積の大半は広野町の農業法人が通いで営農している状況である。

第1章　原子力被災地域等における食のコミュニティの現状と継承課題　31

(2) 食のコミュニティ再生への期待

　住民の帰還率が4％に満たないなかで、農業の担い手は足りていない。このことは、農業の復興は、住居や商業施設などの生活環境の整備およびコミュニティの再生と一体的に進めなければならないことを示している。この点において期待されるのが農業（産業）と生活・コミュニティをつなぐ「食」の取り組みであろう。大熊町では震災以前より農産加工を行う女性組織があり、彼女らによる地元農産物を活用した加工事業は付加価値の創出に加えて、町の生産者と消費者をつなぐ食のコミュニティとしても機能し、町に活気をもたらしていた。こうした取り組みは復興の道を歩むいまこそ求められている。2005年に農産加工を行う企業組合アグリママを立ち上げ、代表を務めてきた根本友子氏[5]も大熊町における食のコミュニティ再生に期待を寄せる一人である。

(3) アグリママのこれまで

　根本友子氏は、1947年大熊町生まれ。75歳となったいまでも町の農業委員会会長や民生児童委員協議会会長など数々の役職を務めている。長年、夫の運送会社を手伝いながら、農業とともに農産加工にも積極的に取り組んできた。

　大熊町において女性たちによる農産加工事業が動き出したのは2001年頃である。水田転作で大豆の栽培が奨励されるなかで規格外品を有効活用することを目的に、根本氏を含む6人の女性たちでグループ（任意組織）を立ち上げ、味噌作りを始めた。当初は農協が所有する水稲育苗ハウスを借りて作業を行っていたが、町に要望し農協（JA大熊町本所［当時］）の中に加工場をつくってもらった。次第に、豆腐、餅（柏餅、大福、切り餅）、漬物など加工品目を増やしていった。原

料は町内産にこだわり、柏餅であればもち米、うるち米はもちろんのこと、小豆も町内の農家が栽培したものを買い取って使用した。

　これらの商品は、①農協の直売所（JAフレッシュおおくま［当時]）、②町内の学校給食、③首都圏などでの物販イベントにおいて供給・販売されるようになり、売り上げは順調に拡大していった。そのなかで根本氏はグループの法人化の必要性を認識し、2005年にメンバー6人で出資金を出し合い、企業組合アグリママを設立。2010年9月にはそれまでの活動が評価され福島県農業賞を受賞した。この頃に県外の企業から大口の注文が入り、これからいっそう頑張っていこうとしていたところで、3月11日を迎えた。

　アグリママのメンバーは避難のため離れ離れになった。根本氏は会津若松市での避難生活を経て、現在はいわき市に家を建て暮らしている。市内には他のメンバー2人もいるが、郡山市や茨城県ひたちなか市で暮らすメンバーもいる。避難生活の頃から年に一度は集まってメンバー同士の交流は続けてきたが、12年がたとうとしているいまもアグリママとしての活動（農産加工）は停止したままである。

　これまで、避難生活を送った会津若松市や仲間のいるいわき市でも活動の再開を考えたことはあるが、大熊町という地域に根ざした地産地消にこだわりたいという気持ちが強かった。「あの柏餅がまた食べたい」、「あの味噌の味が懐かしい」と言われるとまた頑張りたいという気持ちになるが、大熊町で活動が再開できるようになるにはまだ時間が必要である。年齢や体力の問題もある。このような葛藤のなかでメンバーと話し合い、総会の決議を経て、いま企業組合アグリママは解散する方向で準備が進められている。

第1章　原子力被災地域等における食のコミュニティの現状と継承課題　33

(4) これからの課題

　大熊町農業委員会の会長でもある根本氏は、営農再開に向けた取り組みにも中心的に関わってきたが、あわせて「ひまわりプロジェクト[6]」や「日本酒プロジェクト[7]」など交流とにぎわいを生み出す活動にも参画してきた。営農再開（農業の再生）とコミュニティの再生の両輪で町の復興を進めていく必要性を感じているからである。また人を笑顔にするには食が一番ということで、住民の集いや交流イベントなどでは餅やおこわなどの郷土食を振る舞うこともある。こうした根本氏の取り組みに共感し、一緒に活動したいと申し出る次の世代の女性たちが出てきていることは明るい兆しである。

　前述のとおり年齢のこともあり、自身が先頭に立つことはできないが、彼女らがチャレンジするのであればそれを後ろから応援したいと根本氏は考えている。アグリママのメンバーからも、これまで培ってきた技術やレシピを次世代に伝えていくことについて承諾を得ているという。一方で、アグリママの経験を通して農産加工事業を継続させる厳しさも根本氏はよく知っており、このあたりも次世代に伝えていければと思っている。この先、営農再開が少しずつでも前に進むことが期待されるが、あわせて食のコミュニティ再生への模索にも注目していきたい。

7．むすび

　本章では、「食のコミュニティ」を担ってきた農村女性たちの取り組みに特に着目し、多様な展開の現状と継承課題を明らかにしてきた。事例研究から「食のコミュニティ」が小さな農業の再開と結びついて再生してきていることが確認できた。それは地域に帰還住民が定着し、地域が再生していくモデルの一つを構成する要素となっている。

避難指示の対象とはならなかった二本松市旧岩代町では、「地域に根ざした食」を活動理念とした企業組合「さくらの郷」を核として食の再生が図られてきた。遊休農地を活用したソバ栽培の振興と全量買いあげ、5名のそば打ち職人の養成、地元産小麦をつかった手打ちうどん、おにぎりや味おこわ、餅など食の魅力を磨いた。直売所で売れ残った野菜類を活かした「ごんぼコロッケ」などの総菜・菓子類の加工に積極的に取り組んでいる。

　田村市都路地区では、大震災前に地区の住民によって「柿のり」などの伝統食が再現されてきた。それは大震災で一時途絶えたものの、2014年4月の避難指示解除後に任意団体「ひと葉の風」が組織され、景観づくりと地元食づくりに取り組んできている。伝統食にこだわらず、これまで食べられてきた地元食のレシピを発掘し、現代的な調理方法を加えながら、新たに地元食を生み出していこうとしている。

　南相馬市小高区の伝統行事・食として、餅文化、うどん文化がある。家の建前では、紅白投げ餅（餅まき）、祝い事、節句等ことあるごとに餅作りをしていた。地域食材を利用した行事食も作られてきたが、2016年7月避難指示解除後に帰還しているのは高齢世帯が多く、若い世代への食の伝統継承が課題となっている。農産物直売所「小高マルシェ」の新設による小さな農業の再生の担い手は70歳代女性が中心である。これら世代が食と農の再生に重要な役割を果たしていることがわかる。

　飯舘村は、かねてより農産加工に力を入れて取り組んできた。避難先でも他地域の女性農業者と連携し「かーちゃんの力・プロジェクト」を立ち上げ農産加工に取り組んだ。2017年3月に避難指示が解除され、同村前田地区の女性たちを中心とする農産加工グループ「やまぶきの会」が立ち上がり、県産の材料を用いた白米糀の味噌と玄米糀の味噌

の２種類の味噌を販売している。凍み餅に使うごんぼっぱ（オヤマボクチ）は、原発事故以前は山で採っていたが、現在は畑で栽培する。

福島第一原発が立地する大熊町では、企業組合アグリママが震災前から農産加工事業を行ってきた。比較的線量が小さかった２地区において2019年４月に避難指示解除されたものの、地域農業の再生には至っておらずアグリママは、様々な葛藤のなかで、総会の決議を経て、解散する方向で検討が進められている。

このように避難指示解除が遅れるほど帰還率、営農再開率は低下し、また帰還住民の高齢化率は高まり、地域食の次世代への継承が困難となってきている。そのため行事食、郷土食を中心にレシピの保存にも取り組んできている。地域の「食のコミュニティ」の継承は、小さな農業に基づいた農家の自給の延長線上に立つ「地産地消」活動と、家庭食で培われてきた「手作り」の技を活かすことにある。原発事故被災地においても「地域に根ざした食」を守ろうとする取り組みの中心は女性である。

地域復興のカギは、人びとのくらし・生活を支える地域力（集落、コミュニティ、文化、ネットワーク等）の回復にある。「食」は「いのちとくらし」の中心に位置づくものであり、また地域力の源泉ともいえる。これは原子力被災地域にとどまらず、全国各地で試みられている内発的かつ持続的な農業・農村の発展理論および非営利・協同セクターの理論と通じるものがある。

註
１）東和の取り組みについては、菅野（2020）を参照されたい。
２）小高区の営農再開の状況については、荒井（2021）に詳しい。
３）ヤマキ醸造の「味噌の里親プロジェクト」への関わり方については、同社の角掛康弘氏が著した角掛（2018）に詳しい。

4）かーちゃんの力・プロジェクトについては、塩谷・岩崎（2014）を参照
　されたい。
5）根本友子氏については塩谷・岩崎（2014）においても詳しく紹介されて
　いる。
6）ヒマワリ畑の整備による町の農地保全、景観づくり、およびヒマワリを
　通じた他地域（沖縄県など）との交流を深めるプロジェクトである。
7）町内で栽培された酒米（五百万石）を用いた日本酒づくりのプロジェク
　ト。震災10年の節目に会津若松市の酒蔵の協力を得て行われた。その日
　本酒は「帰忘郷」と名付けられた。

文献

荒井聡（2021）「複数集落を基礎とする広域集落営農法人による水田農業再生
　―南相馬市小高区―」（全国農業協同組合中央会編『協同組合奨励研究報告
　第四十七輯』、家の光出版総合サービス、pp.43-54、所収）。
角掛康弘（2018）『元商社マンが辿りついた有機農業ものづくり』まつやま書房。
菅野正寿（2020）「持続可能な環境・循環・共生の社会をつくるために―野良
　に子どもたちの歓声が響く里山の再生」（『農業法研究』55、pp.69-76、所収）。
塩谷弘康・岩崎由美子（2014）『食と農でつなぐ　福島から』岩波新書。
簾野梨恵子（2018）『までぇな食づくり』民報印刷。
山崎友子（2021）「仲間とともにひらく私　岩代地域―3.11でも諦めなかったも
　の―」（『農村生活研究』64-1、pp.16-19、所収）。

第2章　食のコミュニティを支えるプラットフォーム
―秋田県横手市を事例に―

1．はじめに

　食べることは生活の中で最も基本的な行為である。空腹を満たし、健康を維持するという栄養的側面に加え、食のもつ文化的、社会的側面も重要である。食には人々に楽しみや喜びを与え、地域の中で人と人、産業と産業をつなぐ力がある。こうした食のもつ力をコミュニティの再生に活かす取り組みが、福島第一原発事故から13年が経過した福島県の原子力被災地域でも生まれつつある。

　筆者らは、原子力被災地域の復興に向けた調査を進めるなかで（荒井他2021；則藤2021など）、産業としての農業復興を遂げるためには、住民の生活の支えとなる地域力（集落、コミュニティ、ネットワーク等）の回復が不可欠であると認識するようになった。そこで「食」にフォーカスを当て、本書第1章では、原子力被災地域において「食のコミュニティ」の再生を図る取り組みが各地で小さな農業の再生と結びついて萌芽している状況を描き出した。現場における今後の課題は、個々の取り組み（点）を互いにつなげ（線）、さらに地域の中でネットワークを広げ（面）、多様な主体が協働する地域づくり・まちづくりとして持続的に展開させていくことであろう。そのためのプラットフォームがいま求められていると言える[1]。

　上記のような食のコミュニティを支えるプラットフォームの形成においては、秋田県横手市において先進的な取り組みが見られる。2000年代より「食と農からのまちづくり」を掲げ、2004年には民間有志と

行政でつくる「よこて発酵文化研究所」が発足した。そこを拠点に「発酵」をキーワードにしたまちづくりが民間事業者、市民、行政の協働で進められている。横手市の事例は、福島県の原子力被災地域にとっても有益な知見を与えてくれると考えられる。そこで筆者らは、横手市においてフィールドワークと関係者への聞き取り調査を実施した。調査は2021年11月、2023年３月と６月の３回にわたって行い、本章ではその内容を報告する。

　本章の構成は以下のとおりである。まず次節にて、横手市の地域概要をみたうえで、2000年代より掲げられている「食と農からのまちづくり」の趣旨とその推進主体である横手市農林部食農推進課の取り組みを説明する。第３節では、2004年に発足した「よこて発酵文化研究所」の組織と事業についてみていく。そこでは同研究所が民間事業者、市民、そして行政が協働したまちづくりのプラットフォームになっている点、県内外にネットワークが広がっている点などを説明する。第４節では、よこて発酵文化研究所の中で活動する食品事業者に着目し、市内の麹屋らで立ち上げた「発酵のまち横手FT事業協同組合」の事業の展開と課題を明らかにする。第５節では、郷土食文化の継承に取り組む市民活動として「横手ごっつぉお膳実行委員会」を取り上げ、活動の展開と課題を明らかにする。そして最後に、横手市の事例から食のコミュニティを支えるプラットフォームについて考察するとともに、福島県の原子力被災地域への示唆を述べる。

２．横手市における食と農からのまちづくり

(1) 横手市の概要

　秋田県横手市は、東の奥羽山脈、西の出羽山地に囲まれた横手盆地に位置し（**図2-1**）、人口は8.3万人（2023年７月末時点の住民基本台

帳人口）、県内では秋田市に次ぐ人口規模を有している。2005年10月に旧横手市と周辺の5町2村が合併して現在の横手市となった。

　雄物川水系がもたらす豊かな水と肥沃な土壌により、横手市は古くから米を中心に県内有数の農業地帯を形成してきた。2021年の農業産出額は262.3億円で、県内最大を誇る。横手盆地の広大な大地を活かした水田農業（米、大豆など）を中心として、野菜（キュウリ、トマト、スイカなど）、果樹（リンゴ、ブドウ、サクランボなど）との複合経営も展開している（**図2-2**）。また養豚をはじめとする畜産も盛んである。横手市の農業経営体数は4,768経営体、総農家数では5,731戸（いずれも2020年農林業センサス）で、同市の総世帯数31,109世帯（2020年国勢調査）に占める割合からしても、多くの市民が農業に関わりを持って生活していることがうかがえる。一方で、他地域と同様に、農業従事者の高齢化や担い手の減少、米価の

図2-1　横手市の位置

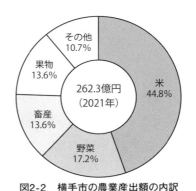

図2-2　横手市の農業産出額の内訳
資料：農林水産省「市町村別農業産出額（推計）」。

低迷による水田農業の衰退など、同市の農業を取り巻く情勢は厳しさを増している。

　このような地域の基盤をなす農業のもとで、横手市では豊かな「食」が育まれてきた。一般的にはご当地グルメの代表格とされる「横手やきそば」がよく知られているが、麹の食文化も地域を特徴づけるものである。米麹をふんだんに使った味噌や甘酒、漬物の味は、集落や家庭の中で世代を超えて受け継がれてきた。また市内には「麹屋」をはじめ、味噌、醤油、日本酒、漬物など発酵食品の製造業が発展してきた。事業者数は減少傾向にあるものの、いまなお多くの事業者が立地し、地場産業を形成している。そこでは農家の女性たちによる麹漬けやいぶりがっこなどの農産加工も盛んで、（一社）浅舞婦人漬物研究会のように全国に商品を発送するような大きな事業者も含まれる。

　このように、農業と食品産業は地域の基幹産業であるとともに、それらのもとで育まれてきた豊かな食文化とコミュニティは横手市の魅力を形づくる重要な共通財産である。したがって、年々厳しさを増す農業や地場の食品産業をいかに活性化させるか、郷土食文化を地域の魅力として内外に発信するとともに、それらをいかに次代へ継承していくか、これら「食と農からのまちづくり」は横手市の重要な政策課題となっている。

(2)「食と農からのまちづくり」の概要

　横手市では1990年代後半頃より、当時の市長を務めた五十嵐忠悦氏のもとで、地域の食文化の振興や特産品のPRに力を入れてきた。市民にとっては当たり前のものとされてきた家庭での味噌作りや寒天料理にスポットライトを当てたり、庶民の味として親しまれてきたやきそばを「横手やきそば」として発信していく団体が組織されたりと[2]、

後に言葉として定着する「地域ブランド」や「地元学」を先取りした実践が行われていたと言える。2004年3月には発酵食文化の継承と発展を図る拠点として「よこて発酵文化研究所」が発足した。

そして2005年10月に市町村合併で新制横手市が誕生したことを契機に、地域の一体性と個性を育んでいくためのコンセプトとして「食と農からのまちづくり」が掲げられるようになった。市民の心と体を育み、暮らしに潤いを与えてくれる「食（食文化）」と「農（農業）」という地域の共通財産を最大限に活かし、食に学び、食を楽しみ、食で潤うまちを目指すこのコンセプトは、農業振興計画や食育推進計画[3]、観光振興計画など横手市の計画策定にも取り入れられるとともに、さまざまな取り組みが企画・実施されている。

(3) 農林部食農推進課の役割

横手市の「食と農からのまちづくり」の企画・実施を中心的に担っているのが農林部食農推進課である。当初は産業経済部マーケティング推進課が担当していたが、2015年に産業経済部が農林部と商工観光部に分離してからは農林部に事務局の機能が置かれている。

食農推進課は、次の3つの係で構成されている。

●ブランド推進係

農産物および加工品のブランド化の支援、6次産業化と地産地消の推進、食育・食農教育、そして発酵のまちづくりなど「食と農からのまちづくり」に関わる業務を担っている。

●担い手育成係

就農支援および後継者育成対策、認定農業者の育成などに関する業務を担っている。2021年からは農業の労働力確保に向けて、地元農協（JA秋田ふるさと）が運営する無料職業紹介所を中心とした取り組み

を推進している。

●園芸推進係

園芸振興拠点センター内のほ場や施設の管理・運営と地域での栽培環境に適した品目、品種の選定や技術支援のための栽培実証を行っている。また、園芸作物（野菜、花き）で就農を目指す人に対して原則2年間の農業技術研修を実施しており、過去10年ほどで約30名が修了し、多くが市内で就農している。

以下では、ブランド推進係が企画・実施している「食と農からのまちづくり」に関わる事業をいくつか紹介する。

●食育・食農教育

市内の公立小中学校を対象に「横手のごっつぉ給食」を実施している。これは、ご飯から主菜、副菜、デザートまで給食プレートのすべてを原則横手市産で作る給食である。ブランド推進係が市教育委員会や給食センターと調整し、地元の農協（JA秋田ふるさと）や農家の協力を得て実施しており、郷土教育および食育の一環として10年以上続いている取り組みである。

2022年から始まった「大雄っこ園芸部」の取り組みも魅力的である。これは、横手市立大雄小学校の児童たちが近くにある園芸振興拠点センターで野菜の栽培に取り組むものである。食農推進課の職員や農家のサポートを得ながら、1年を通して土づくりから栽培、収穫、加工、調理・食事までの一連の活動を実践的に学ぶことで、ものづくり産業としての農業の魅力や可能性を子どもたちに肌で感じてもらうことをねらいとしている。

●食農イベント

横手市の食と農をPRするためのイベントを企画・実施している。市内の飲食店と連携して、横手市の旬の農産物を用いた「地産地消バ

第 2 章　食のコミュニティを支えるプラットフォーム　43

写真2-1　寒天学習会の様子

イキング」を開催したり、次節以降で詳しく述べるよこて発酵文化研究所と共同で、市民を対象とした親子での味噌作り教室や 8 月 5 日の「日本全国発酵の日」にちなんだイベントを開催したりしている。また郷土食文化に関わる学習会も随時開催している。2023年 3 月23日に開催された「地域伝統の食文化を学ぶ〜寒天学習会〜」（**写真2-1**）では、40名を超える市民が集まり、横手市の特徴的な食文化の一つである寒天料理について学んだ。

●情報発信の拠点

横手市「食と農からのまちづくり」ウェブサイトを運用している。横手市の農業や伝統野菜[4]、郷土食文化を取材して発信する専用ブログやFMラジオ番組「横手のおいしいみっけ」のアーカイブス、各種

イベントの案内など豊富なコンテンツが収録されている[5]。そこでは、先述の「寒天学習会」など食農推進課が主催するイベントだけでなく、いぶりがっこの出来栄えを地元の生産者が競い合う「いぶりんピック」[6]など市内で開催される食と農に関わるさまざまなイベントの情報が集約されており、情報発信の拠点となっている。

このように、農林部食農推進課は横手市「食と農からのまちづくり」の推進主体となり事業の企画立案において中心的な役割を担っているが、その実施に当たっては民間事業者、市民、学校などの協力が不可欠である。こうした多様な主体が集う「食のコミュニティ」を支える役割を果たしているのが、よこて発酵文化研究所である。

３．よこて発酵文化研究所の組織と事業

(1) 発足の経緯

雄物川の恵みを受け、県内屈指の米どころとなっている横手市では、雪国ならではの環境も相まって、食品を保存するための生活の知恵として古くから発酵の技術が培われてきた[7]。とくに米から作られる麹（米麹）は、横手市の郷土食文化と地場産業を支える源であり、半世紀前の1960年頃には横手市を含む県南地域に多数の麹屋があったとされる。その後、食生活の変化や1990年代以降の農業および地域をめぐる状況のなかで、発酵食文化の保全・継承に対する意識が生まれるとともに、横手市の魅力としてまちづくりに活用していこうという機運が高まった。当時の市長であった五十嵐忠悦氏を中心に、発酵関連の事業者を含めて協議を重ね、発酵学者の小泉武夫氏らの助言も得ながら、発酵の拠点づくりの構想をふくらませていった。こうして、2004年３月に民間有志と行政でつくる「よこて発酵文化研究所」が発足した。

（2）組織の概要

　よこて発酵文化研究所は、「発酵」をキーワードとして、民間事業者、市民、行政が協働してまちづくりを行う民間の任意組織である。会員は食品事業者や市民などで、その数約80。事業者は麹や味噌、醤油、漬物の製造業者、酒造業者、菓子店、果樹園など多様な業種で構成される。事務局として横手市農林部食農推進課が協力している。またサポート機関として、東京農業大学、秋田県立大学、秋田今野商店（大仙市にある種麹、酵母菌などの製造を行う大手業者）、地元農協であるJA秋田ふるさとなどが参画している。運営資金は、主に会員会費と市の補助金で賄っている。

　会員は次の4つの部会に分かれて活動を行っている。

●伝統・食文化部会　発酵の食文化に関わる広報や啓発・普及活動を行う。第5節で述べる「横手ごっつぉお膳実行委員会」の齊藤純子氏、菅妙子氏など食文化に関心を寄せる市民も参加している。

●醸造・発酵部会　市内の日本酒の蔵元、麹や味噌、醤油、漬物の製造業者などが参加し、会員相互の研鑽を通して地場醸造業の発展を目指す。

●農業生産部会　主に市内の農家が参加している。発酵肥料等を用いた土づくりの研究や実践を通して、良質な農産物の生産を目指す。

●食品加工調理開発部会　発酵を活用した加工および調理方法の研究や商品開発を通して、地域産業の活性化を図る。

（3）事業の概要

　よこて発酵文化研究所では、4つの部会が適宜連携をとりながら、下記のような事業が行われている。

●食育・食農教育、発酵食文化の啓発活動

食育・食農教育の事業として、市（食農推進課）と共同で手前味噌作り教室「う〜My味噌を作ってみそ！」を開催している。これは市内の小学生や親子を対象にした味噌作り体験プログラムであり、醸造・発酵部会に所属する麹屋が講師役を務めている。6月から7月にかけて、米麹をふんだんに使用した昔ながらの味噌の仕込みに挑戦し、12月頃には樽開きと味噌の試食会を行っている。また、発酵食文化の啓発活動として、市民を対象とするセミナーや講演会を随時開催するとともに、8月5日の「日本全国発酵の日」イベントを開催したり、「発酵の恵み通信」を発行したりしている。2008年と2022年には全国発酵食品サミットinよこてを開催した。

●発酵技術の研究と商品開発

次節で詳しく述べるが、醸造・発酵部会に所属する麹屋らが共同で、米麹を多用した横手味噌の健康機能を一層高める技術を開発し、「熟成味噌ディフェンシン」として商品化している。ほかにも、レギュラー商品として定着するものは少ないが、農業生産部会のメンバーが中心となって生産した酒米を用いて、醸造・発酵部会に所属する酒造業者らが「若勢醸ん」（ワカジェカモン）という純米酒を醸造したり、食品加工調理開発部会のメンバーらがいぶりがっこの商品開発を行ったりしてきた。

●発酵のまちづくりに関わる県内外のネットワーク形成

よこて発酵文化研究所の発足から5年が経過した2009年3月、全国発酵のまちづくりネットワーク協議会が設立された。これは横手市のように発酵をキーワードにまちづくりを行っている全国の地域や団体とのネットワーク構築を目的とした組織である。2021年10月時点の会員数は53，市町村や県、発酵関連の企業や団体で構成される。なお福

島県からは、喜多方市、郡山市、小野町のほか、福島市観光コンベンション協会が会員となっており、第2回の全国発酵食品サミット（2009年）は喜多方市で、第8回（2015年）は福島市で開催された。同協議会の事務局は横手市に置かれており、よこて発酵文化研究所は協議会運営の中心的な役割を担っている。

（4）プラットフォームの機能

　よこて発酵文化研究所は、事務所や研究施設を有していない。基本的には食品事業者と市民が手弁当で集まる場である。とはいえ、横手市の文化と産業の中心にある「食と農」や「発酵」でつながる食のコミュニティは豊かで多様であり、これらを行政が支援することで、民間事業者、市民、そして行政が協働したまちづくりのプラットフォームが形成されていると捉えることができる。そこで展開される個別の活動として、食品事業者の協同（発酵のまち横手FT事業協同組合）と郷土食文化の継承に取り組む市民活動（横手ごっつぉお膳実行委員会）を取り上げ、次節より詳しくみていこう。

4．加工業者の協同：発酵のまち横手FT事業協同組合

（1）横手の米麹と味噌

　横手の味噌は、米麹を大豆の数倍入れて作る米どころならではの製法に特徴がある。これが、麹の甘みと香りが感じられる横手味噌の味の特徴につながっている。

　農家が多い横手市では、米を麹屋に持ち込んで、米麹を作ってもらい、それを使って家庭で味噌を作っていた。農家の味噌作りは、冬の農閑期の仕事だった。以前は、毎年1tの味噌を作っている農家もいたというが、徐々に減ってきたという。

米麹は、蒸した米を広げて、麹菌を混ぜて、麹箱に入れて麹室で寝かせることで、麹菌を繁殖させて製造する。麹菌が活性化する適温で管理することが重要である。横手市には、このように加工費をもらって米を麹に加工する麹屋が多数あった。

(2) 横手市の米麹製造業

①米麹製造業の動向

横手周辺は麹産業が盛んで、30以上とも50以上ともいわれる多数の麹屋があったという。この中には1年のうち2週間など一定の期間しかやっていないところもあり、現在、年間を通じて麹作りを行っているのは12〜13で、このうち商店や卸として成り立っているのは6〜7であるという。後継者がいなくて代替わりを機に廃業・縮小するなど、期間限定の麹屋を中心に事業者の数は減ってきている。

市場の縮小の背景には、人口減少やライフスタイルの変化、即席調味料や即席味噌汁の普及などがあるとされる。一方で、栄養価の高い発酵食品は近年、注目されており、横手の特徴的な麹製品を活かせる可能性もあると見られる。

②羽場こうじ店

合資会社羽場こうじ店（佐々木喜一代表社員）は、1918（大正7）年創業の麹屋で、佐々木氏は3代目である。

羽場こうじ店では、麹の力を生かした製法を大切にしている。発酵を人為的に促進したり抑制したりすることはせず、添加物も加えない。佐々木氏の代になってから技術向上を図り、温度管理や湿度調整を厳密に行って米の芯まで麹菌が入るようにする品質管理を行っている。この「芯まで麹菌が入るようにする」ことを「破精る」という。同社では、このような製法にこだわりながら、麹や味噌、甘酒などを製造

し、とくに大豆１、麹３の割合で仕込む特甘口味噌「㐂助みそ」が主力商品である。同社は、秋田県のオリジナル麹「あめこうじ[8]」の認定製造事業者でもある。同社は、市場が縮小するなかでも売り上げを伸ばしている。

また、近くの「国の重要伝統的建造物群保存地区」にある登録有形文化財の元酒蔵を改装した食堂「旬菜みそ茶屋くらを」を営む。くらをでは、同社の麹や味噌を使った料理を提供するほか、同社の味噌や麹加工品などを販売している。

③新山食品加工場

有限会社新山食品加工場（新山肇代表取締役）も、創業100年ぐらいの老舗の麹屋で、昔ながらの製法で、麹や味噌を製造している。秋田県の種麹をはじめ、米や大豆も秋田県産を使い、麹箱の木は秋田杉である。同社の特徴的な商品に「みそたまり」がある。味噌作りの過程で味噌の表面ににじみ出る琥珀色の液体で醬油のように使われる（**写真2-2**）。同社もまた、「あめこうじ」の認定製造事業者である。

同社の敷地内には、新山氏の娘さんが開く洋菓子店「菓子工房marble（マーブル）」がある。大阪で修業し、当初は普通の洋菓子店だったが、同社の味噌や麹の良さに気づき、味噌マド

写真2-2　新山食品加工場の「みそたまり」

レーヌや塩麹ガレットなど、味噌や麹を使った菓子を作るようになったという。

(3) 発酵のまち横手FT事業協同組合

①設立の経緯

発酵のまち横手FT事業協同組合は、横手市内の麹製造の4事業者を組合員として、2019年1月11日に設立された。4事業者は、伊藤こうじや（伊藤仁代表）、合資会社羽場こうじ店、有限会社新山食品加工場、金屋麹屋（佐々木朗代表）で、佐々木喜一氏が同組合の代表理事を務める。

きっかけは、よこて発酵文化研究所の醸造・発酵部会での活動にある。羽場こうじ店の佐々木氏は2017年頃、誘われて研究所に入会し、麹屋の会員を増やしてきた。同部会では、子ども向けの味噌作り教室の開催などに加え、各事業者がそれぞれの技術を開示しながら研究・試験・開発を行ってきた。このような研修・研究を通じて、各自の味噌がどのような位置にあるのか、他の地域との技術の違いなどを確認し、この地域で自分たちの技術を使って味噌作りをしていることの価値を再確認できたという。それまでは、一子相伝で他の事業者のやり方を学ぶ機会はなく、自分の味噌や技術に自信を持っていても思い込みでしかなかったという。

この研究開発の結果、誕生したのが「熟成味噌ディフェンシン」である。研究成果を商品化して販売していくにあたり、発酵のまち横手FT事業協同組合を設立したが、部会の味噌屋2社は参加しなかった。出資金は、60万円である。

組合の設立目的は、「各事業者が有しているFT（fermentation technology：発酵技術）を活かし、さらに美味しく健康のための機能

性を高める新商品開発（よきものづくり）を推進すること」である。組合員の4事業者は、「発酵技術（FT）を探求・改革し続け、人々の食文化を楽しく美味しくするとともに、健康で幸福な暮らしに貢献する発酵食品づくりに努める」という理念を共有する。「市場が縮小するなかで、共同で研究開発した味噌を商売にしたいという思い。また、自分の味噌を横手味噌として売る誇りを持ちたい」（佐々木理事長）という事業者の思いを結集して、発酵のまち横手FT事業協同組合はスタートした。

②事業内容（事業者の協同）

発酵のまち横手FT事業協同組合の主な事業は、①原材料および副資材等の共同購買事業、②商品の共同販売事業、③商品の共同宣伝事業、④味噌の製法およびブランド確立に関する調査・研究事業である。

共同購買事業では、米、大豆、塩、水を共同で購入している。米は農薬の使用を制限したあきたこまちを、大豆は青大豆「秘伝」を、いずれも横手市内の生産者と契約栽培している。塩は赤穂の天塩を使用している。そして、麹は、組合が選別した特別な麹菌を使用しているのが特徴である。

商品の共同販売事業は、FT事業協同組合の名前で販売している「熟成味噌ディフェンシン」がある。これについては後述する。

共同宣伝事業は、「熟成味噌ディフェンシン」の宣伝に関わる事業であり、味噌の製法およびブランド確立に関する調査・研究事業は、各事業者の発酵技術に関する調査・研究事業で、現在、4事業者は最高レベルの発酵技術で味噌作りをしているという自負があるという。

このような組合の活動に対して、よこて発酵文化研究所も、販売会などのイベントや味噌の分析、特許申請などに関わる事務作業などを支援している。

（4）発酵技術と熟成味噌ディフェンシン

①発酵技術

組合では、研修を通じて発酵技術を向上させてきた。研修では、味噌がどういう商品かを理解し、一般的な味噌の価値に加え、横手という場所で培われた技術を再認識し、そのような味噌がどのような人に向いているのかを、実践と講義を通じて学びながら共通認識を育んできた。他の地域の醸造も学び、各工程での作業がどのような意味を持つのかを確認しながら、米の芯まで麹が入るようにすることを目標に乾燥や温度管理などを確認し、共通の技術を身につけてきた。このように学んだ共通の技術が、各事業者の独自の技術に加わって、技術の底上げができたという。

このような研究開発の過程で、特別な米麹を多用して横手味噌の健康機能を高められることがわかった。この技術を使って作った味噌が、「熟成味噌ディフェンシン」である。これは特許申請中である[9]。

②熟成味噌ディフェンシン

「ディフェンシン」は、ヒトにおける抗菌ペプチドの総称で、自然免疫に属す。このうちヒトβディフェンシン２は肺や気管において強く発現がみられ、広範囲に抗菌活性を持つとされる（富田・長瀬2001）。「熟成味噌ディフェンシン」はこのヒトβディフェンシン２の産生をサポートするとして、組合では特許を出願し、商品名にディフェンシンを取り入れた（**写真2-3**）。

組合では、この味噌作りを始めて４年目になる。当初は、４事業者が、米、大豆、塩のほか、水まで同じ原材料を使用して、同じレシピで作り、共通の名称「熟成味噌ディフェンシン」で販売していた。しかし、同じレシピで製造しても事業者によって味が異なっていた。そこで2023年から同じ割合でブレンドしてFT事業協同組合の名前で販

売することにした。仕込み量は各事業者に任せていて、ブレンドしない分は各自で販売して良いことにしているため、ブレンドの味噌と各事業者オリジナルの味噌があるという。

(5) 小括

横手市の麹屋は、古くからある伝統産業だが、市場の変化などにより縮小傾向にある。そのなかで、発酵食品の価値を再評価し、発酵技術のレベルアップを図り、新たな商品を開発・提供する新しい動きが出てきている。4事業者が連携して、発酵のまち横手FT事業協同組合を設立してからまだ4年で、「熟成味噌ディフェンシン」は今年からブレンドするなど、改善の段階である。「ディフェンシン」というなじみのない名前を広めていくことも課題である。

写真2-3　「熟成味噌ディフェンシン」

しかし、横手市内には「熟成味噌ディフェンシン」を使ったラーメン店が2軒誕生した。また、ふるさと納税の返礼品にも採用されているという。販売会では、高齢者よりも赤ちゃんや子どもがいる若い世代に話しかけられることが多いという。佐々木氏は、食が健康に深く関わっていることを意識し、発酵食品を味付けに使うだけでなく身体に取り入れていこうという人が若い世代にいることを実感しているという。

5．郷土食文化の継承と市民活動：横手ごっつぉお膳実行委員会

　古くから稲作が盛んな横手市では、米麹をふんだんに使い甘く味付けした料理をご馳走とする地域固有の食文化がつくられてきた。赤飯もすしも、甘く味付けするのが横手流である。横手ごっつぉお膳実行委員会は、そうした横手市の郷土食文化に関心を寄せる市民が集い、伝統食を次世代に継承する取り組みを行っている。本節では、2021年11月18日に、同会事務局長で福島県二本松市出身の齊藤純子氏、およびメンバーの一人で栄養士の菅妙子氏に対して実施した聞き取り調査の内容をもとに、横手ごっつぉお膳実行委員会の発足の経緯、活動内容、課題と展望について報告する。

(1)「ごっつぉ」と横手の食文化衰退の危機

　団体名にある「ごっつぉ」は、秋田の方言で、普段より少し贅沢な食事を意味する。稲作が盛んな横手市には、農作業の節目ごとに五穀豊穣を願って「ごっつぉ」を作りお供えする慣習があった。田植えの終わりには田の神を送る「さなぶり」、稲刈りが終わると「刈り入れ」、一年の収穫に感謝し豊作を祝う「大黒さま」、大晦日には一年の無事を歳の神様に感謝する「歳とり」がある。また「ももの節句」「端午の節句」など、季節の節句にも「ごっつぉ」が振る舞われた。

　「ごっつぉ」には、横手市に暮らす人々の知恵や技術、歴史が詰まっている。「ごっつぉ」に使う材料や調理の方法は一軒一軒異なる。家族の味は、行事があるごとに家族が集まり台所で共同作業をすることを通じて、おばあさんから子、そして孫へと代々受け継がれてきた。しかし、核家族化や農業離れが進むなかで、行事に対する意識が薄れ、「ごっつぉ」を含め横手の伝統食を作る機会も減っていった。伝統食

の知恵や技術を持ち、歴史を知る人たちが高齢化し、それとともに伝統食の味を知らない若い人たちが増えていった。横手の伝統食が継承されず途絶えてしまうのではないかという危機感が、横手ごっつぉお膳実行委員会を発足する原動力となった。

(2) 横手ごっつぉお膳実行委員会の発足の経緯

　横手ごっつぉお膳実行委員会は2011年に発足した。その直接的なきっかけは、横手地域づくり協議会の活動で出会った「弁当」である。横手市では、2005年に8市町村が統合された後に、旧市町村（地区）の個性を活かして地域活性化を図ることを目的に、地区ごとに地域づくり協議会が設置された。旧横手市に設置された横手地域づくり協議会では、地域づくりのヒントを得るために、複数の先進地域に視察を行った。先進地域の一つとして訪れた宮城県大崎市出山地区で、「大崎御膳」という名の弁当に出会った。大崎御膳には、地元の素材をふんだんに使った郷土料理が盛られていた。伝統食を復活させる鍵が御膳にあると、視察に参加したメンバーで思いが一致した。

(3) 横手ごっつぉお膳実行委員会の発足の活動内容

　横手ごっつぉお膳実行委員会は、横手地域づくり協議会の一部メンバーに加え、食育の活動を行っていた地域の団体にも声をかけて、計6名で立ち上げられた。会の目的は、薄れつつある横手の伝統食を復活させ、それと同時に、地元の食材を使うことを通じて農業を活性化することとした。横手市から年30万円の補助金を受けて、2011年から2014年度までの4年間活動した。

　2011年度は、横手の伝統食の掘り起こしと、御膳のメニューを検討した。数回の試食会を経て、季節に合わせて数パターンの「横手ごっ

写真2-4　横手の歳とりお膳を楽しむ会の様子
資料：齊藤純子氏提供

つぉお膳」を試作した。2012年度は、春のお膳、夏のお膳など季節の膳に加えて、歳とりお膳の料理を試作した。11月には市内のホテルで「横手の歳とりお膳を楽しむ会」を開催した（**写真2-4**）。歳とりお膳には、色とりどりの種類豊富な料理が並べられた。塩ハタハタの焼き物、紅白氷頭なます、ほろほろ（生たらこを根菜類と炊き上げたもの）、ハタハタ鮨、鯉の甘煮、寒天、豆腐カステラ、なすの花ずし（なす、もち米、菊の花などを重ねた漬物）などの17品である。伝統的なお膳を再現するために、食器にもこだわった（**写真2-5**）。

　2013年度は、「横手ごっつぉお膳」の商品化に向けて活動し、郷土食文化の継承のためにレシピ本を編さんし、料理教室も開催した。商品化の活動では、横手市内の飲食店と連携して「冬のお膳を楽しむ会」

第2章　食のコミュニティを支えるプラットフォーム　57

写真2-5　歳とりお膳
資料：齊藤純子氏提供

を行った。また、お膳をお弁当にして販売したが、すぐに完売するほど好評であった。レシピ本は、伝統食の作り手が元気なうちに記録に残したいという思いで編さんした。『秋田県横手市　台所だより』というタイトルにしてまとめ、800冊発行した（**写真2-6**）。このレシピ本は行政や関係者に配布した。またレシピ本に基づき伝統食を若

写真2-6　レシピ本の表紙
資料：齊藤純子氏提供

い世代に伝えることを目的に、料理教室を開催した。

2014年度には、市内の飲食店や農協と連携して「横手ごっつぉお膳」の商品化に向けてPR活動を行った。子育て世代の親子向けにおもてなし伝統料理の講習会を開催した。横手の伝統食を普及・継承させるために、市役所や商工会、観光協会などにも協力を求めていった。

(4) 課題と展望

横手ごっつぉお膳実行委員会の活動は2014年度に幕を閉じた。メンバーは、家事と仕事で忙しいなかでも、横手の伝統食を絶やしてはいけないという一心で活動をしてきた。伝統食の知恵や技術を持ち、歴史を知る高齢者が元気なうちに、彼女らから学んで継承したいという思いが、「横手ごっつぉお膳」やレシピ本『秋田県横手市　台所だより』、料理教室として実を結んだ。

齊藤氏にとって心残りであるのは、「横手ごっつぉお膳」の商品化、および伝統食の普及が十分に進まなかったことである。伝統食を商品化し、例えば市内の飲食店でメニューとして提供するなど、市内全体に普及していくためには、行政や市内の各種団体、民間事業者など多様な主体と協力体制をつくっていくことが必要であると考えている。これを体現する場になりうるのがよこて発酵文化研究所である。現在、齊藤純子氏は、同研究所の会員となり、主に伝統・食文化部会にて郷土食文化の研究や啓発に関する活動を行っている。伝統食を現代風にアレンジしながら、横手市に住む人、訪れた人、次の世代に横手の食文化を伝えていきたいという思いで活動を続けている。

6．考察とまとめ

最後に、調査研究のまとめとして、秋田県横手市における「食のコ

ミュニティ」を支えるプラットフォームについて要点を整理するとともに、福島県の原子力被災地域への示唆について検討する。

横手市では、1990年代頃から郷土食文化の振興や横手やきそばに代表される特産品のPRに力を入れてきたが、「食と農からのまちづくり」の直接の契機となったのは2005年10月の市町村合併（1市5町2村）であった。旧市町村（地区）が有する個性と多様性を活かしつつ、新制横手市としての一体性も育んでいくために市政の拠り所となったのが「食と農」であった。「食と農からのまちづくり」のコンセプトを掲げ、企画立案に積極的に取り組む行政（横手市農林部食農推進課）と、実行の受け皿となる「よこて発酵文化研究所」との連携の枠組みは、福島県の原子力被災地域においても参考になると考えられる。

また、よこて発酵文化研究所の事業においては、市民を対象とした文化振興だけでなく、事業者を対象とした産業振興にも注力している点もポイントであろう。横手市で育まれてきた「食のコミュニティ」の当事者は市民であるとともに、事業者でもある。とくに麹屋をはじめ、味噌、醤油、日本酒、漬物など発酵食品の製造業を今後いかに活性化させていくか、その重要性と難しさを第4節で取り上げた「発酵のまち横手FT事業協同組合」の取り組みは示している。

一方で、「ごっつぉお膳実行委員会」のような市民活動においても、また「発酵のまち横手FT事業協同組合」のような産業振興の活動においても、取り組みの継続・発展が最大の課題であると言える。よこて発酵文化研究所というプラットフォームの存在は大きいが、最も重要なのは当事者の主体性である。市民と事業者の意欲を高められるプラットフォームの仕組みづくりが問われていると言える。

このように、地域づくり・まちづくりが今後の中心的な課題となる福島県の原子力被災地域において、横手市の事例から学ぶべき点は多

い。東北地方にある秋田県と福島県はともに冬の寒さが厳しく、保存食としての発酵食が食文化形成にとくに重要な意味を持つ。原子力被災地域においてかつて盛んであった農家の女性たちによる農産加工を再開させるうえでも、また地域内外の多様な主体がつながる「食のコミュニティ」を育んでいくうえでも、発酵食はキーワードになるだろう。本稿では掘り下げることができなかったが、2009年に設立された「全国発酵のまちづくりネットワーク協議会」のような県内外のネットワーク形成の取り組みからも示唆を得ることができよう。

　地域産業の基礎をなす農業と人々の生活の接点・交点にある食のコミュニティの重要性を認識し、それを支えるプラットフォームのあり方について今後も検討を重ねていきたい。

註
1 ）企業や市民、行政が連携したプラットフォームの形成と運営については海野（2014）、飯盛（2015）、則藤（2019）などに詳しい。
2 ）「横手やきそば暖簾会」は、横手やきそばのPRと魅力向上を図ることを目的に、市内の飲食店や製麺業者を会員として2001年 7 月に設立（後に事業協同組合として法人化）。
3 ）横手市では食育・食農教育の実践を推進するため、食育推進計画を策定している。第 3 次推進計画（2020年策定）では、推進の柱として、①食の安全・安心（安全・安心な農産物の生産と流通）、②地産地消（地産地消の推進と施設への支援）、③食生活と健康（食を通じた健康づくりの実践）、④食の文化（食文化の理解と継承）が掲げられており、「食と農からのまちづくり」とリンクする内容となっている。なお第 3 次推進計画の策定の際には、農林部、市民福祉部、教育委員会の職員 8 名で事務局（策定プロジェクトチーム）が組織されたが、ブランド推進係からも 3 名が参画していた。
4 ）八木にんにく、沼山にんにく、沼山大根、新処なす、山内にんじんなどが横手市の伝統野菜に挙げられる。園芸振興拠点センター内のほ場では、これらの伝統野菜を栽培して在来種の保存を図る取り組みも行われてい

る。

5）同サイト内の「よこみちコレクション」では、2005年の合併前の8市町村ごとに各地域の農業生産の特徴や郷土食文化が詳しく紹介されているので参照されたい。

6）「いぶりんピック」とは山内いぶりがっこ生産者の会と横手市まちづくり推進部山内地域課が主催するイベントで、山内地域の伝統の味の継承と品質向上を目指して2007年より毎年開催している。

7）諸説あるが、横手市は日本における納豆発祥の地ともされている。

8）あめこうじは、秋田県総合食品研究センターが開発した麹菌。甘味が強く、すっきりとした味わいが特徴である。

9）「熟成味噌ディフェンシン」は、2023年9月28日に特許を取得した。

文献

荒井聡・藤澤弥榮・原田英美・則藤孝志・林薫平（2021）「被災地における集落営農を核とした担い手形成及び農業復興の課題とJAの対応」（所収　全国農業協同組合中央会編『協同組合奨励研究報告第四十七輯』）家の光出版総合サービス、9-95頁。

荒井聡・則藤孝志・岩崎由美子・原田英美・藤原遥（2023）原子力被災地域等における食のコミュニティの現状と継承課題『福島大学地域創造』第34巻第2号、109-119頁。

飯盛義徳（2015）『地域づくりのプラットフォーム―つながりをつくり、創発をうむ仕組みづくり―』学芸出版社。

海野進（2014）『人口減少時代の地域経営―みんなで進める「地域経営学」実践講座―』同友館。

富田哲治・長瀬隆英（2001）「生体防御機構としてのディフェンシン」『日本老年医学会雑誌』第38巻第4号、440-443頁。

則藤孝志（2019）「地域経営の理論と概念に関する基礎的検討」『商学論集』第88巻第1-2号、37-47頁。

則藤孝志（2021）「原子力被災地域における水田農業の変容と新たな産地形成―福島県川内村を事例に―」『農村経済研究』第39巻第1号、13-22頁。

第3章　山間地域における食農コミュニティ・ビジネスの
新たな展開
──岐阜県加茂郡白川町・郡上市明宝地域を事例に──

1．課題と方法

　農山村地域は資源の宝庫であり、地域の食材を基にそれぞれ地域固有の郷土食が育まれてきた。過疎・高齢化が顕著に進む山間地域にあっても、地域資源を活用した地域のコミュニティ・ビジネスの展開がみられる。コミュニティ・ビジネスとは、ローカル・コミュニティに基礎を置き、社会的な問題の解決と生活の質の向上を目指して設立される事業組織を指す[1]。それは地域のみんなの利益のために、ビジネス感覚をもって地域に根ざした活動を行い、事業を継続的に展開する。

　また、それには①自発性、②公益性、③継続性、④非営利性という４つの特徴がある。すなわち、地域への貢献など、志を同じくする人々の自発的集まりであり、地域のみんなに役立つ財・サービスの生産・提供を行い、事業継続のために採算性・効率性は追求するが、剰余金分配を目的としないことを旨としている。農村版コミュニティ・ビジネスの活動・事業として、食と農、健康、助け合い・福祉、資源・環境、生きがいづくり、都市農村交流などの活動が実施されている。

　農山村は、農林産物・景観・人のぬくもりなどのあらゆる面で都市にはない魅力がある。いわば資源の宝庫である。有形・無形の地域資源の戦略的活用を図り、地域力を高めることが求められている。森林・農地・河川などからの恵みを最大限に活用することがポイントである。

第3章　山間地域における食農コミュニティ・ビジネスの新たな展開　63

「食と農」の分野では、集落営農、ファーマーズ・マーケット、農家レストラン、農林産物加工、農林業体験、加工体験、学校給食、農業トラストなどの活動として実施されてきている。

　地域食材を利用した農産加工、農家レストランは、地域の農業生産と結びつくことにより、農地の荒廃を防ぐとともに、地域に新たな雇用の場も創出するなど一定の経済効果をもたらす。しかも女性がそれを中心的に担っていることが特徴である。いくつかのコミュニティ・ビジネスが連携することにより新たに創出されるものもある。有機農業や特別栽培などこだわりを持った農業生産と結びついて展開することもある。原発事故被害から地域の食と農の再生を図るうえでも、これらの取り組みから示唆されることは多い。これら地域での貴重な取り組みを記録に残し、地域の食と農の再生・活性化のための参考資料として提供することが本章の目的である。

　ここでは低投入で生産された地元食材を利用した農家レストラン、集落営農と連携した農産加工、地元食材を活用した農産加工品のブランド化というコミュニティ・ビジネスの新たな展開を図っている岐阜県の3事例をトレースする。対象としたのは典型的な山村地域に位置する加茂郡白川町黒川地区にある「農家レストランまんま」、同町佐見地区にある「佐見とうふ豆の力」、郡上市明宝地区（旧明宝村）にある「明宝レディース」である。これまでのところ、農家レストランまんまに関する論考はなく、佐見とうふ豆の力、明宝レディースについては若干あるが、それを最新情報に基づき、コミュニティ・ビジネスの視点から再整理する[2]。調査は、2022年3月24〜26日に実施した。

図3-1　岐阜県および対象地の地図

2．地元野菜を使った農家レストランまんま

　農家レストランまんまは、地元・白川町の食材を使った料理を提供する予約制のレストランで、2015年12月に開設された。新型コロナウイルス感染症拡大により、調査時点においては弁当販売のみを行っていた。メニューは、白川町黒川地区の女性たちが地域の食材を使って作る家庭料理や創作料理である。初代代表の古田義巳氏、現代表の鷲見ハヤ子氏と藤井貴代美氏に、まんまの取り組みと郷土料理について聞いた。

第3章　山間地域における食農コミュニティ・ビジネスの新たな展開　65

（1）設立の経緯

　農家レストランまんまは、地元の公民館を活用した取り組みである。5000万円ぐらいかけて建てられた公民館が当時あまり使われておらず、維持管理費の負担が北黒川地区の3自治会の問題になっていたため、当時公民館管理委員長だった古田氏が①公民館の維持管理費の獲得、②地域おこし、③人材の活性化、の一石三鳥を狙って提案した。最初は反対の声もあったが、各自治会で話し合いを重ねて1年半かけて立ち上げた。始めてみると評判が良かったといい、まんまの売り上げの10％を公民館に寄附して、維持管理費に充てているという。

　農家レストランを始めたいと思ったのは、古田氏である。古田氏は、化学農薬や化学肥料を使わずに野菜や穀物を育てる「むらざと自然農園」を営んでいる。むらざと自然農園では、野菜を中心に米、高キビやもちキビなどの雑穀を栽培し、野菜は10品目を週1回か隔週に1回届ける野菜ボックスを販売している。古田氏も「ゆうきハートネット」のメンバーである[3]。古田氏は、以前は名古屋で学術洋書の輸入販売の仕事をしていたが、1994年に40歳でUターンし、8年ほどその仕事を続けた後に専業農家になった。まんまで使用している野菜は、むらざと農園の野菜をはじめ、黒川地区の無農薬の野菜がほとんどである。むらざと農園で一緒に働くメンバーや都会に販売してきた実績などから、古田さんは農家レストランをしたらうまくいくのではないかと考えたという。

　まんまを始める際、黒川地区全域からスタッフを募集したところ、料理上手が集まった。レストランで働いた経験のあるプロではなく、いずれも家庭で腕を振るっていた女性たちだという。スタッフは15名でスタートしたが、現在は12名である。

(2) まんまの取り組みと感染症の影響

　農家レストランまんまの活動は、レストラン運営と弁当販売のほか、ピザ窯でのピザ焼き体験、こんにゃく作りなどのイベント開催である。レストランと弁当は、すべて事前予約制である。

　レストランは、10〜40人の団体貸し切り制で、ビュッフェスタイルと個別配膳が選択できる。昼食（11：30〜14：30）と夕食（18：00〜21：00）に対応しており、別室でのセミナーやイベントに合わせて利用されることも多い。新型コロナウイルス感染症の拡大により、現在レストランの営業を休止している。以前は、白川町観光協会と提携して、名古屋から大型観光バスでイベントに来て、イベントと食事を楽しんでもらうことも多かった。このため、レストランの利用者は都会の人が中心だったという。

　弁当は、1人1000円からの料金設定で、10〜40人まで予約できる。配達は、白川町内のみ対応している。

　開業以来、売り上げが増加していたが、感染症の拡大で2年前から集客できなくなり200万円あった売り上げが8割減少した。

(3) 黒川地区の郷土料理

　代表的な郷土料理は、朴葉寿司（ほおばずし）と五平餅である。このほか、家庭でよく作られているものを聞き取った。

①朴葉寿司

　代表的なのは、酢飯と具材をホオの葉で包んだ朴葉寿司である。どの家庭にも大体ホオノキがあり、朴葉を収穫して作る。作るのは葉がある時期で、田植え後の農休みの時期が多い。お盆の頃や、子どもの帰省時に作ることもあるという。まんまでは、葉を冷凍して1年中提供している。

②五平餅

五平餅は、米を潰したものに串を刺し、たれをつけて焼いたもの。黒川地区ではわらじ型と団子型が半々で、たれの味によってうまさが変わる。いつ食べるということはなく、一年中ある。昔は家庭でもよく作っていたという。

③にごみ汁

具材にダイコン、ごぼう、里芋、豆腐の入った、けんちん汁のようなもの。だしは、鶏ガラで取る。昔は、鶏を自分で飼っていて、絞めたときにガラで汁を煮た。年末に大量に作って、正月に少しずつ食べる。餅は入れず、雑煮は別に食べる。

④雑煮

おすましに、焼いた餅を入れる。豆腐のほか、牛肉とかシイタケを入れる。

⑤手作りこんにゃく

コンニャクイモを栽培し、家庭で作ることも珍しくない。昔は稲わらの灰や豆殻の灰で取った灰汁を使って作った。今はソーダ（炭酸ナトリウム）を使っている。イベントでこんにゃく作り体験を行っている。また、「こんにゃくを作りたい」という若い人が結構いて、教えることもあるという。また、こんにゃくにご飯を詰めたこんにゃくいなりはこの辺りで考案され、道の駅などで売られている。

⑥味噌

味噌は、各家庭で作っていて、料理にもよく使う。各家庭で作り方が異なり、鷲見氏も姑に作り方を教わった。麦麹と米麹を使い、昔は味噌から醤油も取ったため、昔の味噌はまずかったという。今は辛い味噌は作らないから、醤油は取らないという。

⑦漬物

　魚（カツオやサバ）やスルメなどを甘酒（米麹）で漬ける保存食。今は禁止されていてできないが、昔は山鳥を霞網で捕って甘酒に漬けて、大晦日に焼いて食べた。硬いスルメを漬けておくと軟らかくなって美味しい。

⑧キビ餅・アワ餅

　キビやアワなどの雑穀を栽培しており、餅にする。餅つき機を所有している家庭は多いという。

(4) まんまの料理

　まんまの料理は、黒川地区の郷土料理や創作料理である。まんまでは、2〜3人の当番制で、1週間前に献立を作成している。当番制で作っているため、作り手によって味が異なる。五平餅も誰が作った五平餅で味が異なり、まんま共通のレシピにはしていない。献立は、例えば、「今日はこんにゃく芋があるから、手作りこんにゃくを作って、それをカツにしよう」というように、自分のところにある野菜を使って何を作るか考えるという。また、黒川地区でアマゴを養殖していることから、アマゴ料理は必ず1品入れる。鮎が取れる時期には鮎を入れることもある。その他の魚や肉は店で買って調達するという。

　表3-1と**写真3-1**は、私たちが調査を行った2022年3月24日の弁当（2,000円）の献立である。この日の五平餅は団子型だった（**写真2-2**）。朴葉寿司の朴葉は、冷凍していたもの。あんしん豚は、黒川地区の藤井ファームで自然交配・無薬で育てられた豚の肉である。この日の鮎は、古田氏が川で釣った鮎である。野菜の天ぷらは、フキノトウなど季節の野菜が使われていた。菊芋サラダは、菊芋のポテトサラダである。

第3章　山間地域における食農コミュニティ・ビジネスの新たな展開　69

表3-1　農家レストランまんまの弁当の献立例

・五平餅
・朴葉寿司
・あんしん豚のカツ
・アマゴの唐揚げ
・鮎の甘露煮
・野菜の天ぷら
・手作りこんにゃくの甘辛煮
・里芋の煮物
・だし巻き卵
・ひじきの白和え
・菊芋サラダ
・黒豆煮
・漬物（きゅうりの味噌漬・菊芋の粕漬）
・にごみ（けんちん汁）
・コーヒーゼリー

写真3-1　農家レストランまんまの弁当

写真3-2　農家レストランまんまの五平餅

(5) 人材の活性化

　まんまの当初の目的の1つが、人材の活性化である。家庭に眠っていた料理上手な女性を引っ張り出し、地元で採れた無農薬の旬の野菜などを彩り豊かな料理に仕立ててきた。スタッフには移住してきた人もいる。藤井氏は熊本県出身で、熊本で夫と知り合って結婚し、夫のUターンに伴って黒川地区に来た。まんまに加わったのは、この地域の料理を教わりたいと思ったからだという。まんまでは、自分とは違うやり方で食材が美味しい料理になることを発見でき、一緒にやることによって勉強になるという。まんまは、地元の人と移住してきた人の食を通じたコミュニティとして機能している面もある。

３．集落営農による大豆生産を起点とした女性による
新たな６次産業化と雇用の創出
―佐見とうふ豆の力―

(1) 佐見とうふの発足の経緯とスタッフ

　株式会社「佐見とうふ豆の力」（以下、「佐見とうふ」と略）は、当時の白川町長による発案で設立された。集落営農組織が大豆を作り、その大豆を原料に佐見とうふが豆腐を作り、その豆腐を町内で販売する。集落営農組織の維持、特産品づくり、大豆の地産地消を進めることが狙いであった。2008年４月に発足した佐見大豆加工研究会がこの前身である。山間地の冷涼な気候のため小麦は定着せず、転作田で本格的な大豆生産を行うようになった。

　農林水産省の農山漁村活性化プロジェクト支援交付金（2008年度）を活用して町が上佐見地区に加工場を建設し、2009年４月に豆腐づくりを開始、2010年４月に佐見とうふが設立された。佐見とうふの出資金120万円のうち100万円は、白川町が出資している第３セクターの会社である。2017年４月には、加工場の隣に農家カフェ・ソイアが新設された。ソイアはイタリア語で大豆の意味である。カフェの建設費にも農山漁村活性化プロジェクト支援交付金が充てられた。町が施設設置者となり、佐見とうふが維持管理を行っている。佐見とうふの総資産は722万円（2020年３月）。

　スタッフを募集して女性が集まった。スタッフ全員は、豆腐作りの経験がゼロであったため、大阪府や福井県に視察に行き学んだ。現代表取締役の飯盛富子氏は2014年に入社した。当時、スタッフ３人が家庭の事情で辞めたことをきっかけに、飯盛氏に佐見とうふに働かないかと声がかかった。飯盛氏自身は、家業の塗装業を手伝い、経理の経

験もあった。食べ物を扱うことは無理だと思っていたが、最終的に引き受けた。飯盛氏は入社と同時に代表取締役を務めることとなった。

　現在、スタッフは、カフェ担当の1名、加工場担当の6名、合計7人である。全員女性で、カフェ担当は20代、加工担当は50～60代である。集落営農による大豆生産を起点とし、町の支援を得て地域食材を活用した新たな6次産業化が進み、農村女性の雇用を新たに創出している。

(2)　佐見とうふでの生産と販売

　佐見とうふでは、毎年約25tの大豆を使う。豆腐作りには、午前4時から午後2時までかかる。生産量は平均8釜で、多い時は10釜作る。1釜で48丁の豆腐を作ることができるので、1日の豆腐生産量は384～480丁である。油揚げは最大で7釜作る。豆腐には1釜に6.3kg、油揚げには1釜に3.3kgの大豆を使う。豆腐の製造工程は、①浸漬、②磨砕、③搾り、④寄せ、⑤熟成、⑥崩し、⑦成型、⑧カット、⑨晒し、⑩完成、⑪包装の11からなる。⑤熟成のまま汲めば寄せとうふとなる。

　主な商品は、とうふ、寄せとうふ、厚揚げ、油揚げ、味付け油揚げ、揚げ豆、がんもどき、ゆばである。商品は白川町産大豆を100％使用している。寄せとうふが一番人気である。ゆばは、需要が少ないので土曜のみ販売している。セット商品の販売もしている。それはふるさと納税の返礼品にも使用されている。1万円以上の寄付で、豆腐2丁、油揚げ2袋、寄せ豆腐2丁、厚揚げ2パック、味付き揚げ2袋、揚げ豆2パック、ゆば1パック、味噌1パックのセットがもらえる。全体的な経営は赤字のときもあれば黒字のときもある。

　カフェは、テレビ番組に取り上げられたことが転機となって、町外からの客が多い。カフェの営業時間は9時～14時で、うち9時～11時

には揚げたての油揚げをサービスしている。9時〜14時の開店から閉店までずっとモーニングサービスがあり、おからサラダやヘルシーな料理が並ぶ（ブレンドコーヒー450円）。ランチは11時〜14時に提供する。冬季限定で豆乳入りぜんざいがメニューに加わる。モーニングサービスでは利益が出ないようであるが、必ずと言っていいほど利用者は佐見とうふの商品を購入するという。

　原料不足により豆腐等加工品の生産を2020年より縮小を余儀なくされている。そのため水・金・日曜日の週3日の休業日を設けている。またカフェ・ソイアは、月・火・木・土の週4日の営業としている。コロナウィルス感染拡大の影響で客足が遠のいている。

　発足時は、豆腐の販売を町内に限定していた。佐見とうふでの販売のほか、主として道の駅直売所などで販売している。2015年からは町外でも販売するようになった。白川町内では20ヶ所の店で、町外では10ヶ所の店で販売している。町外はすべて岐阜県内で、可児市、美濃加茂市、下呂市などである。現在の売上金額は、町内と町外それぞれ半々である。町内では豆腐を作る個人商店が減ったため、豆腐の需要がある。最近は、町外の売り上げが伸びている。豆腐1丁の重量は400gある。豆腐の希

写真3-3　佐見とうふの生産現場

望小売価格は税込190円であり、町内ではその値段で売っている。町外の店では200円くらいで売られている。豆腐は大豆の優れた栄養価を効率よく摂取することができる食品であり、健康増進面からの需要は多い。

(3) 白川町の大豆生産を支える集落営農と町の支援体制

　白川町には、集落営農組織が9つある。そのうち6組合で大豆を作っている。2021年時点において、集落営農組織の耕作面積は134haあり、そのうち大豆作付面積が26haとなっている。その他の農地は食用米、加工用米、畑として使われている。収穫時には、白川町集落営農組織連絡協議会やめぐみの農協の支援を受けている。同連絡協議会は所有する大豆用コンバイン（2台）を集落営農組織に貸し出し、めぐみの農協は集落営農組織の収穫に立ち合い、選別をサポートしている。

　集落営農組織が、現在使っている大豆の品種は、サトノホホエミである。一般的に豆腐に向いていると言われるフクユタカは白川町の土壌には合わなかった。昔はタチナガハ、アキシロを使っていた。近年の大豆の収穫量は17〜30tと安定していない。大豆は豆腐のほかに味噌用に3tを3つの加工組織に提供している。佐見にある「味噌のThe」では、無添加で自然な製法にこだわった地産の味噌作りをしている。地味噌から自然にとれた無添加の地たまり醤油も好評である。余分にある年は、町民にも販売していた。

　白川町は、2008年から大豆を町の奨励作物に位置づけ、大豆による水稲の生産調整を推進する政策を採っている。大豆は、国の経営所得安定対策補助金を入れたとしても、食用米に比べて収入が低い。また転作奨励作物である加工用米や飼料用米と大豆を比べると、生産面では大豆の方が、手間がかかる。加工用米や飼料用米は、主食用米と作

業工程が変わらない。一方で、大豆は水切り、中耕培土、収穫後の管理など米作りにはない工程が入ってくる。

　主食用米や、加工用米、飼料用米に比べて生産が困難な大豆の生産を推進するために、町では2種類の補助制度を設け、すべて一般会計で措置をしている。一つが大豆の収穫量に対する助成として1kgあたり130円を、もう一つが、大豆生産に対する助成として10aあたり2万円を町から補助するものである。

(4) 大豆生産の成果と課題

　佐見地区において未整備の農地や、山際の農地には耕作放棄地が発生している。圃場整備した農地については、基本的には集落営農組織が管理しており、耕作放棄地はない。行政として集落営農の組織化を支援し、大豆生産を下支えしたことが、耕作放棄地を減らすことにつながった[4]。

　課題の一つは、集落営農組織を組織できなかった地域への対応と、集落営農組織の中心的な担い手の高齢化である。町が主導で集落営農組織の組織化をはかったが、ある地域では、農地に対する帰属意識が強く、まとまりきらなかった。そこでは、だんだんと耕作できない水田が出てきている。現在、その地域では、中山間地域直接支払い制度を使い、耕作放棄地対策に取り組み始めている。集落営農組織における課題は、構成員の高齢化が進んでいることである。次の後継者を探していく必要がある。農業従事者や後継者が少ない場合には、佐見地区のように3つの組織を1つに統合している。

　もう一つの課題は、大豆の収穫量が少ないことである。10aあたり収量が80〜110kgと低く安定せず、収穫量が30tを下回る年がある。佐見とうふにとっては、消費者の需要と安定した経営を考えると少なく

とも24tは確保したい。大豆は3年のローテーションで生産しているため、連作障害は生じていない。今後は営農指導が必要であると考えている。

4. 明宝レディース：地域こだわりトマトケチャップの製造・販売

　明宝レディースは、岐阜県郡上市明宝地域（旧郡上郡明宝村）に位置する農産加工品の製造・販売を行う第三セクター形式の株式会社である。同社の主力商品である「明宝トマトケチャップ」は、県産トマトにこだわった手作り・無添加のトマトケチャップとして全国的に知られている。また社名のとおり「農村女性たちによる株式会社」としても知られ、その母体となった村の女性たちでつくる生活改善実行グループでは、長年にわたる活動の中でトマト栽培の導入や規格外品を活用した加工品開発が行われてきた。1992年の会社設立から30年、これまで4名の女性代表が経営のバトンをつないで現在に至っている。このような農村女性起業の先駆者に位置づけられる明宝レディースを訪ね、4代目代表取締役の清水奈美江氏に話を聞いた。

(1) トマトケチャップの開発と会社設立

　明宝レディースの母体は、食生活や生活環境の改善を図り、婦人同士の親睦を深めることを目的とする生活改善実行グループである。1961年結成の「芝生グループ」では文化活動を含めさまざまなグループ活動を行うなかで、当初より農業改良普及員や生活改善普及員の指導を得て野菜づくりにも取り組んできた。1970年中ごろからは夏秋トマト栽培を村としても奨励するようになり、「芝生グループ」のメンバーを中心に夏秋トマト栽培が広がった。

　農協の共同選果場が設置されるなど産地の整備も行われ、夏秋トマ

トは米や肉牛に並ぶ地域の主要な産品となっていったが、そのなかで、生産過剰や規格外品の問題にも直面するようになった。そこで「芝生グループ」では、同じく村の生活改善実行グループである「仲良しグループ」(1975年結成)、「若草グループ」(1983年結成) と協力し、1983年よりトマトの規格外品の活用策としてケチャップの開発に取り組むことになった。

しかしトマトケチャップの試作と開発は難航した。大手メーカーが製造する通常のトマトケチャップは加工用トマトを使用するが、ここでは、水分含有量が多い生食用トマトを使用するため、ケャップに加工した際の歩留まりが悪くなる。一方で生食用トマトならではの繊細な風味や美味しさがあるのだが、それを引き出すための試行錯誤が続いた。6年間におよぶ試作・開発期間を経て、1989年に絶品のトマトケチャップを完成させ、同年に村が設置した農産加工所において製造が始まった。また1990年には村にあるスキー場に「農業婦人の店」が開店した。これらの加工・販売事業を生活改善実行グループのメンバーが担っていたが、1991年には売上高が1,000万円を超えるなかで、経理面の明確化と社会保障面の整備が必要となり、翌年の第三セクター形式の法人化に至った。当時、村には5つの第三セクターが存在し、相互の緊密な連携によるネットワーク型の村おこしが目指された。

(2) 原料調達の方法と課題

明宝レディースのトマトケチャップ作りは、生食用トマトの規格外品の利活用として始まった。このような経緯から現在でも、原料には加工用トマトは使用せず、生食用トマトのみを使用している。品種については、かつてはタキイ種苗の桃太郎トマトであったが、岐阜県内のトマト産地において夏季の裂果（実割れ）が発生しにくいサカタの

タネの麗月への切り替えが進むなかで、現在は調達量の8割が麗月となっている。両品種とも食味が良く、ケチャップに加工した際の品質にも問題はないとのことである。

　原料の調達先については、かつては村（旧明宝村）のトマトを購入していたが、現在は県北の飛騨高山地域のトマトを購入している。同地域のトマトは「飛騨トマト」としてブランド化しており品質も高い。このような調達先の変化の背景には、村内の農家の高齢化や生産量の減少に加え、規格外品の販路として道の駅や農産物直売所が近隣にできたこともあるという。

　規格外品の取引については、「JAひだ」および「JA全農岐阜」が売り手となり、主な買い手は明宝レディースと下呂地域にある加工業者である。後者はトマトジュース、こんにゃく、リンゴジュースなどを製造し、主に業務用（一次加工品）として食品事業者に販売する会社である。毎年シーズン前にJAとは大まかな数量や価格について打ち合わせを行うが、契約取引を基本とする加工用トマトとは異なり、生食用トマトの規格外品の取引では数量や価格、時期などが「出たとこ勝負」の面がある。短期間に大量の原料を受け入れ処理に追われる年もあれば、十分な量を調達することができず、やむを得ずスーパーマーケットに並ぶような通常の商品を購入した年もあるという。

写真3-4　明宝レディースの商品

購入したトマトは冷凍保管して通年で使用するが、近年は原料調達の安定のため、上記の下呂地域の加工業者からトマトジュースを購入し、原料として使用している。一斗缶に入ったトマトジュースは常温で保存できるメリットもある。

(3) 近年の販売動向とコロナ影響

明宝レディースのトマトケチャップは、一般的な市販ケチャップに比べ高価格であるため（一瓶300g入りで650円前後）、当初は販売に苦労したという。1990年代後半頃からたびたびテレビ番組等で取り上げられたこともあり、県産トマトにこだわった手作り・無添加のトマトケチャップとして全国から注文が入るようになった。製造・販売のピークは2008年で、256ｔもの原料トマトを購入し、21.8万本の製品を出荷し、同社の年商は１億円を超えた。その後は売上の減少傾向が続いており、とりわけ新型コロナウイルス感染症拡大の影響で需要（とくに贈答用）が落ち込み、直近では年間約８万本の製造にとどまっている。

このような製造・販売の減少傾向は、地域経済の柱である観光業の動向ともリンクしている。1990年頃、旧明宝村ではスキー場や温泉、道の駅などが整備され、多くの観光客でにぎわった。その後、東海北陸自動車の整備（道路の延伸や複線化）が進むなかで、村を訪れる観光バスは最盛期の三分の一程度に減ったという。また冬場の重要な収入源であるスキー場の入込客数も減少傾向が続いている。明宝レディースのトマトケチャップは観光客の土産として利用されることが多く、また同商品を気に入った人が通販や贈答で再度購入するという流れが売り上げを支えていたため、観光客の減少傾向や新型コロナウイルス禍の影響は大きなものがある。

一方で、このような難局を好転させる試行錯誤も行っている。SNS（インスタグラム等）を活用した商品PRや、新商品の開発にも力を入れている。トマトケチャップ商品の主力は一瓶300g入りであるが、120g入りの小瓶や唐辛子を加えた辛口などの商品を新たに投入している。このような商品開発において地元の道の駅（第三セクター）にて試験販売や試食調査を行うことがあり、新商品を試す貴重な機会になっているという。また同じく旧明宝村の第三セクターである明宝特産物加工株式会社（明宝ハムの製造・販売）に事業や組織の再編に関して相談することもあるとのことで、道の駅を含め旧明宝村の第三セクターのネットワークの強みが今も活かされていると考えられる。

(4) 人材育成の課題

清水奈美江氏は2015年に四代目の代表として経営のバトンを引き継いだ。1990年代の後半に入社して以来、生活改善実行グループの「芝生グループ」、「仲良しグループ」「若草グループ」の先輩がつくった農村女性たちの会社としての魅力や強みを感じてきたという。子育てや家庭の状況に応じて仕事を融通し合うことができるし、退職した先輩に仕事の相談をすることもできる。1993年から2011年まで18年間代表を務めた二代目の本川榮子氏は「仲良しグループ」のメンバーであり、現在でもグループ活動を続けている。こうした地域の仲間としてのつながりが明宝レディースの支えとなっている。

一方、従業員の数は減少傾向にある。最盛期には15名程度いた従業員は、現在は7名、アルバイト数名となっている。また従業員の中で代表の清水氏より若い人は2名しかいない。この先の世代交代を考えると若い人を増やしていきたいところであるが、従業員を募集しても集まりにくく、また入社しても短期間で辞めてしまう人もいる。明宝

第3章　山間地域における食農コミュニティ・ビジネスの新たな展開　81

トマトケチャップの味を守っていくためには、人材の確保と育成が喫緊の課題となっている。

5．まとめ

　岐阜県の山間地域において女性を主体とした農家レストラン、農産（大豆、トマト）加工業の新たな展開事例をみてきた。いずれも地域食材を活用した取り組みであり、地域内外での新たな連携が図られる中で事業展開しているところに特徴がある。農村版コミュニティ・ビジネスの成功要因としてあげられるのは、社会トレンドをいち早くキャッチし、伝統を継承しつつ、新しい技術も付加したビジネスを展開していることである。食と農に関するものとしては、新鮮、安全・安心、美味しい、栄養、健康という普遍的価値が重視され、その実現が追求されている。3事例とも望ましい財・サービスの生産と提供方法を研究し、ニーズをとらえた商品作りを行ってきている。こうしたなかで女性経営者が輩出されて、経営を見事に切り盛りしている。各経営者は様々な前職を有しており、経営者能力を見込まれて職務に就いている。

　農家レストランまんまは、地域の食材にこだわり、郷土食を継承し、創作料理へと発展させてきている。料理好きが集まって組織が作られた。無農薬・無化学肥料栽培といった環境に配慮した方法で生産された食材を優先して利用している。こうした取り組みが都市の消費者から支持を受け、交流を図りながら徐々に事業規模を拡大してきている。

　佐見とうふ豆の力は、地元の集落営農組織との連携により、集団転作の推進、耕作放棄地の抑制という地域課題に応え、かつ地元産大豆を利用した豆腐商品の生産・販売により地元雇用を新たに創出した。大豆の触感が残る製法で作られる商品は消費者の健康志向にも応え、

販売先は徐々に町内から町外へと拡大してきている。需要に生産が追い付かない状況である。

　明宝レディースは、生食用トマトの規格外品利用からケチャップ作りを開始し、現在でもそのスタイルは同じままである。道の駅などでの観光客への販売から、徐々に販路を拡大し、贈答用にも利用され通販での販売も増え、ブランドを確立してきた。

　3事例とも自治体と地域住民との協働により、地域の資源・魅力を見つけ出し、それを事業へと展開しているところにも共通性がある。それは都市の消費者との交流のなかで徐々に事業規模を拡大してきている。こうした取り組みは、福島の食と農の再生方向の一つであると考えられる。コミュニティを基礎として、地域の食農資源の利活用についてアイディアを出し合い、それを確実に実行する経営システムを内発的に創り上げる。その中で食と農の再生主体も形成されてくると考えられる。

注
1）農山村におけるコミュニティ・ビジネスの展開状況に関しては、石田（2008）、大和田（2011）などを参考にしている。
2）佐見とうふ豆の力に関しては農文協編集部（2018）があり、明宝レディースに関しては最近のもので徳田（2011）や西川（2012）がある。
3）白川町は移住者により有機農業の生産が拡大している。それを主導してきたのが「ゆうきハートネット」である。これについては荒井他（2021）を参照。
4）白川町における集落営農の組織化とそれにともなう大豆生産の拡大、耕作放棄地の抑制については荒井（2017）に詳しい。佐見地区における集落営農法人の合併による新たな生産体制の確立については荒井（2021）に詳しい。

文献

荒井聡（2017）『米政策改革による水田農業の変貌と集落営農―兼業農業地帯・岐阜からのアプローチ―』筑波書房。

荒井聡（2021）「転換期を迎えた集落営農―広域連携、土地持ち非農家の主体化で果たす集落営農の新たな役割」、農業と経済　87（1）、80-87。

荒井聡・西尾勝治・吉野隆子（2021）『有機農業でつながり、地域に寄り添って暮らす　岐阜県白川町ゆうきハートネットの歩み』筑波書房。

石田正昭（2008）『農村版コミュニティ・ビジネスのすすめ　地域再活性化とJAの役割』、家の光協会。

大和田順子（2011）『アグリ・コミュニティビジネス　農山村力×交流力でつむぐ幸せな社会』、学芸出版社。

徳田博美（2011）「中山間地域における女性の起業化－－トマトケチャップのブランド化に成功した明宝レディース」野菜情報（85）48-56。

西川和明（2012）「農商工連携を目的とする第三セクター企業の経営に関する一考察」地域創造　23（2）3-18。

農文協編集部（2018）「豆腐屋　女性が担う地域の加工会社が地元大豆100%の豆腐づくり：岐阜県白川町・（株）佐見とうふ豆の力」季刊地域（33）、18-21、農文協。

おわりに

　本書は、農業経済学、地域経済学、社会計画論を専門とする福島大学の教員により、2021年度より取り組んできた共同研究「原子力被災地域等における食のコミュニティの現状と継承課題」の成果をまとめたものである。非営利・協同総合研究所いのちとくらし2021-22年度研究助成、およびJSPS22K05863の成果の一部であり、『福島大学地域創造』（福島大学地域未来デザインセンター発行）に発表した下記初出一覧の論文を基に、全体の統一性を図るための加筆・修正を行ったうえで書籍化を行った。

　東日本大震災と福島第一原発事故の発生から早くも13年が経過した。今や原発事故の記憶は風化し、原子力災害は福島だけのローカルな問題とされつつあるが、廃炉作業の進捗やALPS処理水の海洋放出の問題をみても、原発事故からの復興がいまだ途上にあることはいうまでもない。被災地域では、大規模営農組織の育成や企業参入の促進といった産業主軸の復興政策が展開されてきたが、避難指示解除後も住民の帰還は進まず、集落やコミュニティ、自給、食文化といった農的くらしの基盤の回復は十分ではない。本書の執筆陣は、それぞれの専門分野から被災地の復興支援に関わった経験をふまえ、次の10年の復興のカギは、人びとのくらし・生活を支える地域力（集落、コミュニティ、文化、ネットワーク等）の再生にあると考え、その手がかりとして農村文化としての伝統食・郷土食、農産加工、これらを主に担ってきた女性組織等の実態調査を行うことで、「食農コミュニティ」の形成過程とその発展条件について研究と実践を積み重ねてきた。

　本書の第1章では、メンバーが復興支援に関わってきた地域（二本

松市旧岩代町、田村市都路地区、南相馬市小高区、飯舘村、大熊町）における取り組みについて紹介した。避難指示解除が遅れるほど帰還率や営農再開率は低下し、地域食の次世代への継承も困難になっているが、地域に根ざした食と小さな農業の再建に向けて住民主体の復興活動が少しずつ展開されている。

　続く章では、福島における「食農コミュニティ」の再建に向けて参考となる他県の実践例を取り上げた。秋田県横手市における地域の生産者と消費者、流通業者、行政を包含した発酵ローカルフードシステムのためのプラットフォーム形成（第2章）や、岐阜県の中山間地域における地元農産物を活用した農家レストランや加工活動（第3章）は、地域経済の活性化にとどまらず、地域の伝統的な生産工程や食文化の継承をも目指す取り組みである。地域の価値の再発見と継承の実践に共感した移住者や関係人口、消費者もこうした取り組みを支える。農と食がつくる生産と消費の統合空間＝食農コミュニティが生み出されることで、人間が主体となった本来の地方創生に向けた運動が展開されている。

　かかる取り組みの担い手として、本書では女性農業者に着目した。家業としての農業経営において女性は、「乳役兼用無角牛」と呼ばれるほど従属的な地位に置かれていたが、生活改善グループや農協婦人部等の共同学習を通して食や社会への関心を育み、農と食をつなぐ主体としての力量を育んできた。例えば、1970年代に秋田県旧仁賀保農協から始まった「自給運動」は、食の簡便化・粗放化が進む中で地域のくらしに根付いた農と食をとらえかえす運動であり、農家生活の自律性と女性の自立を獲得するための実践であった（佐藤一子他『〈食といのち〉をひらく女性たち』農文協、2018年）。1990年代から全国に広がる直売所活動や農村女性起業は、こうした自給運動の先に結実

したものである。

　放射能汚染によってふるさとが失われた福島浜通り地方において、まずは女性たちが中心となり、自給活動や小さな農業、加工活動の動きが始まったのはきわめて示唆的である。彼女たちの取り組みは、人と人とのつながり、人と自然とのつながりの回復が、個々人の生活再建とコミュニティ再生の基礎となることを教えてくれている。

　農業史の観点から「人と人を結ぶ」食の機能に注目した藤原辰史らは、食の機能が資本と国家によって二重に占拠されてしまったいま、「食の連帯」の必要性を提起している（池上甲一他『食の共同体』、ナカニシヤ出版、2008年）。食により支えられる共同性を回復し、その連帯を通して、農山漁村に生きる人びとと都市住民との間の確かな共感・信頼関係の上に立つ都市－農村関係の構築が求められる。我々も福島に生きる研究者として、復興を住民自らの手に取り戻し、一人一人の自己決定と他者との連帯によるオルタナティブな地域再生の道筋を描くために、いっそうの研究と実践を積み重ねていきたい。

　最後になったが、現地調査でお世話になった方々、また、出版事情が厳しい中にもかかわらず本書の刊行に道を開いていただいた筑波書房には心より感謝申し上げる。

（初出一覧）

荒井　聡、則藤孝志、原田英美、藤原　遥、岩崎由美子「山間地域における食農コミュニティビジネスの新たな展開―岐阜県の事例―」（『福島大学地域創造』第34巻第1号、49～57ページ、2022年9月）

荒井　聡、則藤孝志、岩崎由美子、原田英美、藤原　遥「原子力被災地域等における食のコミュニティの現状と継承課題」（『福島大学地域創造』第34巻第2号、109～119ページ、2023年2月）

則藤孝志、原田英美、藤原　遥、荒井　聡「食のコミュニティを支えるプラットフォームに関する調査研究—秋田県横手市を事例に—」（『福島大学地域創造』第35巻第1号、87〜97ページ、2023年9月）

著者略歴

荒井 聡　福島大学食農学類教授　専門　農業経済学、地域農業論
　　はじめに、第1章〜第3章共同執筆

岩崎 由美子　福島大学行政政策学類教授　専門　社会計画論、法社会学
　　第1章・第3章共同執筆、おわりに

則藤 孝志　福島大学食農学類准教授　専門　農業経済学、フードシステム論
　　第1章〜第3章共同執筆

原田 英美　福島大学食農学類教授　専門　農業経済学、農産物流通論
　　第1章〜第3章共同執筆

藤原 遥　福島大学経済経営学類准教授　専門　地域経済学
　　第1章〜第3章共同執筆

食農コミュニティの新展開
福島で考える農山村振興

2025年3月7日　第1版第1刷発行

編著者	荒井　聡
発行者	鶴見　治彦
発行所	筑波書房

東京都新宿区神楽坂2−16−5
〒162−0825
電話03（3267）8599
郵便振替00150−3−39715
http://www.tsukuba-shobo.co.jp

定価はカバーに示してあります

印刷／製本　中央精版印刷株式会社
© 2025 Printed in Japan
ISBN978-4-8119-0692-8 C3061